PHYSIK

DUMONT

PHYSIK

Ein Schnellkurs

Jens Kube
ist Diplomphysiker und promovierter Astronom.
Er arbeitet als Chefredakteur der Physik-Website
»Welt der Physik« am DESY in Hamburg.

Umschlagvorderseite:
Installationsarbeiten am LHC-Detektor ATLAS, © CERN

Umschlagrückseite: (von oben nach unten):
Aufenthaltswahrscheinlichkeit von Elektronen in einem »Quantenstadion«, © IBM Deutschland
Ein Regenbogen zerlegt Licht auf natürliche Weise in seine Spektralfarben, © picture alliance/dpa
Sterbender Stern im Katzenaugennebel, © NASA, ESA, HEIC and The Hubble Heritage Team (STScI/AURA)

Frontispiz:
Luftbild des Forschungszentrums CERN bei Genf, © CERN

Bibliografische Information der Deutschen Bibliothek
Die Deutsche Bibliothek verzeichnet diese Publikation in der Deutschen Nationalbibliografie; detaillierte bibliografische Daten sind im Internet über http://dnb.d-nb.de abrufbar.

Originalausgabe

Redaktion und Lektorat:
Dr. Matthias Delbrück, Dossenheim
Druck und buchbinderische Verarbeitung:
Rasch, Bramsche
Printed in Germany
ISBN 978-3-8321-9142-9

Vorwort

Da Sie dieses Buch in die Hand genommen haben, erfüllen Sie sehr wahrscheinlich einige Voraussetzungen, die Sie zu einem Wissenschaftler oder einer Wissenschaftlerin machen:

1. Sie sind neugierig!
2. Sie wurden nicht vom Begriff »Physik« abgeschreckt!
3. Sie sind bereit, Neues zu lernen und dabei auch bisherige Denkmuster zu opfern!

Möglicherweise ist Ihr zweiter Gedanke zur Physik trotzdem »das ist mir eigentlich doch zu kompliziert« oder »das habe ich in der neunten Klasse abgeben«. Vielleicht sind Sie – bist du – auch noch gar nicht in der neunten Klasse. Ich kann Sie beruhigen, die Grundzüge der Physik – sowohl dessen, was schon allgemein recht bekannt ist (»Schulwissen«), als auch dessen, was erst in den letzten hundert Jahren klar wurde (»moderne Physik«) – sind auch ohne Formeln und Studium zu verstehen.

Die Physik ist eine Grundlagenwissenschaft, die vor etwa hundert Jahren von vielen als »komplett ausgeforscht« angesehen wurde. Doch dann kamen die Entdeckungen von Relativität und Quantenphysik, welche die Welt im Großen wie im Kleinen erst wirklich erklärbar machten. Die Suche nach dem Innersten der Materie stößt auch heute noch laufend auf Effekte und Dinge, die den Verstand an seine Grenzen führen, ebenso wie das Wissen über den Kosmos uns an Grenzen auf der größtmöglichen Längenskala bringt. Doch selbst aus diesen Forschungen entwickelten sich Technologien wie der Mikroprozessor oder der Riesenmagnetowiderstand, für welchen es 2007 den Physik-Nobelpreises gab und ohne den keine Festplatte und kein iPod läuft!

Einem Menschen aus dem 19. Jahrhundert mag die technisierte Welt, in der wir leben, wie eine Sammlung von magischen Erscheinungen vorkommen. Für uns sollten die Grundlagen dieser Welt zumindest grundsätzlich verstehbar sein. Den untersten Baustein, das Fundament dafür, legt die Physik, und mit ihren Grundzügen können Sie mit der Lektüre dieses Buches ihr persönliches Weltbild erweitern.

Einleitung

Die Physik wird oft respektvoll als die »härteste« aller Naturwissenschaften bezeichnet. Diese Einschätzung liegt darin begründet, dass jede andere Naturwissenschaft, also Biologie, Chemie, Geologie usw., sich beim physikalischen Grundlagenwissen bedient. Sie erstellt auf dieser Basis ihre eigenen Modelle nach dem Motto: »Das ist so, das sagt uns die Physik«. Physiker dagegen sagen: »Das ist so, so ist die Natur«. Insofern ist die Physik sicher die *fundamentalste* der Naturwissenschaften. Die Physik wiederum nutzt die Mathematik als *Sprache*, da sich die mathematische Formulierung von Beobachtungen und Theorien als das mächtigste Werkzeug für die Beschreibung und Vorhersage von Naturerscheinungen erwiesen hat.

Das typische Vorgehen der Physik besteht darin, komplexe Probleme so weit zu zerlegen oder zur reduzieren, dass sie in einfachen Konzepten münden und mathematisch erklär- und beschreibbar sind. Insofern ist eine saubere Abgrenzung der Physik zu anderen Naturwissenschaften am ehesten auf der Komplexität der behandelten Probleme aufzubauen: Die Beschreibung einzelner Atome ist Physik, das komplexe Zusammenspiel von Atomen und Molekülen Chemie, und das Zusammenwirken von Genen, Eiweiß- und anderen Makromolekülen im lebendigen Körper ist Thema der Biologie. Dass es hier Grenzbereiche gibt, sagt beispielhaft schon der Name des in Göttingen ansässigen »Max-Planck-Instituts für Biophysikalische Chemie«.

Experiment und Modelle

Seit Galileo Galileis (1564–1642) Beobachtungen der Jupitermonde und Versuchen zur Fallbeschleunigung gibt es einen grundsätzlichen Konsens über die Vorgehensweise beim physikalischen Erforschen der Welt. Die klassische Arbeitsweise von Physikerinnen und Physikern gliedert sich in die folgenden vier Schritte:

1. *Beobachte Vorgänge in der Natur.* Das schließt das reine Beobachten wie in der Astronomie genauso

ein wie das Experimentieren, bei dem spezielle Vorgänge im Labor gezielt untersucht werden.

2. *Stelle ein Modell auf,* wie diese Vorgänge wohl funktionieren und welche Faktoren sie beeinflussen. Dieses Modell muss Vorhersagen erlauben über weitere Vorgänge, die noch nicht geschehen sind.

3. *Überprüfe das Modell mit neuen Beobachtungen oder Experimenten,* und vergleiche die Ergebnisse mit den Vorhersagen.

4. *Verbessere das Modell* so lange, bis die Vorhersagen zu allen durchgeführten Beobachtungen und Experimenten passen.

Sind die Modelle erst einmal experimentell bestätigt, dann können nach Punkt 2 Ingenieure kommen und auf Grundlage der nun gesicherten Modelle Gebäude und Maschinen konstruieren.

Das obige 4-Punkte-Programm sagt übrigens auch, dass die Physik nicht danach fragt, warum es Naturgesetze gibt oder ob sie jemand »erlassen« hat. Sie möchte vielmehr erkennen, welche Gesetze am besten die Beobachtungen beschreiben. »Erklären« und »verstehen« bedeutet also für die Physik »ein stimmiges Modell finden, das die richtigen Vorhersagen macht«. Ein Apfel fällt nach unten, weil seine Masse und die der Erde sich gegenseitig anziehen. Ein Schiff schwimmt, weil durch den hydrostatischen Druck des Wassers genauso viel Kraft auf den Rumpf nach oben wirkt wie durch die Massenanziehung zwischen Erde und Schiff nach unten. Und wenn ein als richtig bewiesenes Modell den Vorstellungen widerspricht, dann sind es die Vorstellungen, die sich ändern müssen!

Schon Grundschüler – wie hier beim Kinder-Universitätstag in Golm bei Potsdam – können mithilfe von Experimenten die Natur verstehen lernen.

Größen und Einheiten

So gut wie alle physikalischen Beobachtungen und Experimente münden darin, dass die Werte bestimmter interessanter Größen gemessen werden. *Physikalische Größen* sind z. B. Länge, Zeitdauer, Masse oder Stromstärke. Zu jeder Größe gibt es eine passende Einheit, in welcher die ermittelten Messwerte ausgedrückt werden, hier wären dies Meter, Sekunde, Kilogramm und Ampere. Diese vier Größe-Einheit-Paare sind das Grundgerüst der physikalischen Gedankenwelt. Fast alle anderen Größen kann man durch Multiplikation oder Division aus diesen vier *Basisgrößen* bzw. *-einheiten* ableiten: Eine Kraft wird beispielsweise in Kilogramm mal Meter durch Sekunde im Quadrat gemessen, eine Energie als Kraft mal Weg ausgedrückt und die elektrische Ladung als Produkt aus Stromstärke und Zeit. Allerdings haben fast alle dieser *abgeleiteten Größen* und Einheiten eigene Namen als Abkürzung. So bezeichnet man die Einheit der Kraft als »Newton«, die der Energie als »Joule« und die der elektrischen Ladung als »Coulomb«.

Die Größen und Einheiten im weltweit akzeptierten Internationalen Einheitensystem (»SI«) sowie die jeweils üblichen Abkürzungen. Sie sind auch in Deutschland für den offiziellen Gebrauch gesetzlich vorgeschrieben.

	Grundgrößen und -einheiten		
Größe	**Einheit**	**Zusammenhang**	
Länge (l)	Meter (m)	–	–
Zeit (t)	Sekunde (s)	–	–
Masse (m)	Kilogramm (kg)	–	–
Stromstärke (I)	Ampere (A)	–	–
	abgeleitete Größen und Einheiten		
Fläche (A)	Quadratmeter (m^2)	$A = l \times l$	$m^2 = m \times m$
Kraft (F)	Newton (N)	$F = m \times l/t^2$	$N = kg \times m/s^2$
Energie (E)	Joule (J)	$E = F \times l$	$J = N \times m = Nm$
elektrische Ladung (Q)	Coulomb (C)	$Q = I \times t$	$C = A \times s = As$
	weitere Grundgrößen und -einheiten		
Temperatur (T)	Kelvin (K) oder Grad Celsius (°C)	–	–
Stoffmenge (–)	Mol (mol)	–	–
Lichtstärke (I)	Candela (cd)	–	–

Da in der Physik öfter extrem große oder kleine Zahlenwerte auftauchen, werden den Einheiten sog. Einheitenvorsätze vorangestellt: Ein Kilometer sind 1000 Meter, der Vorsatz »Kilo« (k) bedeutet also »tausend«, und ein Mikroliter ist ein Millionstel Liter. Eine vollständige Liste aller erlaubten Einheitenvorsätze findet sich im Anhang des Buches.

In der mathematischen Schreibweise werden Größen immer kursiv gesetzt, Einheiten aber gerade. Beispiele: Geschwindigkeitsangabe: $v = 30\ \mathrm{m/s}$; Einsteins Masse-Energie-Gleichung: $E = m \times c^2 = mc^2$ (das Multiplikationssymbol wird oft weggelassen).

Um zu testen, ob eine physikalische Beschreibung funktionieren kann, sollte man zunächst prüfen, ob bei der Berechnungsvorschrift überhaupt sinnvolle Größen herauskommen. Wenn etwa jemand behaupten würde, die Zeit, die man für eine bestimmte Strecke braucht, entspräche dem Verhältnis aus Streckenlänge und eingesetzter Kraft, dann wird schnell klar, dass dies nicht stimmen kann:

$$\text{Zeit} \stackrel{?}{=} \frac{\text{Strecke}}{\text{Kraft}} = \frac{\text{Strecke}}{\frac{\text{Masse} \times \text{Strecke}}{\text{Zeit}^2}} = \frac{\text{Zeit}^2}{\text{Masse}}$$

Diese Gleichung ist offenkundig falsch, also kann auch das soeben postulierte physikalische Modell nicht stimmen!

Wie viele Klavierstimmer gibt es in Hamburg?
Erst kürzlich habe ich in einem Vortrag für Schülerinnen und Schüler ein klassisches Beispiel für die Denkweise von Physikern erfolgreich anwenden können. Und zwar stellte ich als Aufgabe für die Vortragspause die Frage: Wie viele Klavierstimmer gibt es in Hamburg?

Ein Physiker oder eine Physikerin würde wie folgt überlegen: Hamburg hat vielleicht eine Million Einwohner, also etwa 300 000 Haushalte. Jeder fünfte Haushalt hat ein Klavier, macht 60 000 Klaviere, die etwa alle zwei Jahre gestimmt werden, pro Jahr müssen die Klavierstimmer also 30 000 Instrumente behandeln. Ein Klavierstimmer arbeitet an 200 Tagen im Jahr und täglich schafft er fünf Klaviere, d. h. 1000 im Jahr.

Damit sollte die Stadt Hamburg also etwa 30 000/ 1000 = 30 Klavierstimmer ernähren können. Und siehe da: Ein Blick in das Branchenverzeichnis liefert zum Stichwort »Klavierstimmer« 32 Betriebe!

Wie kann das funktionieren? Jede einzelne meiner Abschätzungen war vermutlich ziemlich falsch: Hamburg hat fast 1,8 Millionen Einwohner, und bei den vielen Single-Haushalten in Großstädten ist die durchschnittliche Haushaltsgröße vielleicht kleiner als 2, sodass Hamburg möglicherweise sogar über 900 000 Haushalte hat. Vielleicht hat aber auch nur jeder zehnte Haushalt ein Klavier und die Klaviere werden im Schnitt viel seltener als alle zwei Jahre gestimmt. Dass ein Klavierstimmer etwa fünf Klaviere schafft und 200 Tage im Jahr arbeitet, scheint dagegen auch nach längerem Überlegen einigermaßen stimmig.

Der Trick bei der Sache liegt in der Statistik. Diese lehrt, dass alle Abschätzungen voneinander unabhängig sein müssen und man nur darauf zu achten hat, nicht systematisch immer zu groß oder immer zu klein zu raten. Wenn dies so ist, dann wird das Ergebnis desto genauer, je mehr unabhängige Schätzungen eingehen und auf jeden Fall besser als jeder einzeln geratene Wert.

Einer der Meister dieser Abschätzungen war Enrico Fermi, der Konstrukteur des ersten Kernreaktors und Urheber des »Klavierstimmer-Rätsels«. Er war auch bei der Entwicklung der Atombombe beteiligt und nutzte seine Erfahrungen dazu, aus einigen in die Druckwelle der ersten Testexplosion geworfenen Papierschnipseln die Sprengkraft der Bombe zu berechnen. Sein Ergebnis soll der Legende nach nur sehr wenig vom mit Messgeräten ermittelten Wert abgewichen haben.

»Fermi-Abschätzungen« sind wertvolle Hilfsmittel, um Fragestellungen zu beantworten oder anzugehen, welche so komplex sind, dass schnelle und einfache Antworten nicht zur Hand sind. Die Strategie ist, das große, komplexe Problem in handhabbare Kleinprobleme zu zerlegen. Dabei ist es natürlich hilfreich, wenn man in seiner eigenen mentalen Werkzeugkiste möglichst viele kleine Problemlösungen besitzt oder zumindest ein gutes Gefühl dafür hat, wie Teilantworten aussehen könnten. Übrigens – ein so guter Treffer wie im obigen Beispiel ist schon die Ausnahme. Meistens genügen Fermi-Abschätzung nur dazu, die *Größenordnung* eines Problems einzugrenzen. Dabei meint ein Physiker mit Größenordnung immer die »Anzahl der Stellen« der Antwort. Wäre ich also statt auf 30 auf 10 oder 90 Klavierstimmer gekommen, wäre ich immer noch zufrieden gewesen.

Fermi-Abschätzungen kommen auch dann zum Einsatz, wenn konkrete Informationen kaum oder überhaupt nicht verfügbar sind, beispielsweise, wenn es um die Frage nach fremden Leben im Universum geht. Wir kommen hierauf gegen Ende dieses Buches noch

Enrico Fermi (1901–1954). Er war einer der wichtigsten Physiker der 20. Jahrhunderts. Nach ihm wurden eine ganze Klasse von Elementarteilchen, die »Fermionen« benannt und das 100. chemische Element heißt ihm zu Ehren »Fermium«.

einmal zurück. Wenn Sie weitere Fermi-Probleme kennenlernen wollen, machen Sie den Test: Wenn in Ihrem Bekanntenkreis jemand Physik studiert haben sollte, dann fragen Sie ihn oder sie doch mal, wie groß der jährliche Benzinverbrauch in ganz Deutschland ist, wie viele Krankenhäuser es in Europa gibt oder wie viele Schokoladenweihnachtsmänner in jedem Jahr weltweit verkauft werden!

Die Kraft aus dem Nichts

Um die weite Spanne des physikalischen Denkens zu illustrieren, hier nun ein Beispiel dafür, wie die moderne Physik ein äußerst nicht-alltägliches Phänomen erklärt.

Unter einem *Vakuum* versteht man gemeinhin einen völlig leeren Raum. Dort ist nichts, keine Stoffe, keine Gase, keine Atome, keine Quarks oder sonstige Elementarteilchen. Es gibt dort auch keine Energie, keine Temperatur, einfach nichts. Stellt man nun zwei elektrisch leitende Platten (z. B. aus Alufolie) ins Vakuum, dann sollte dort folglich nichts weiter geschehen. Doch aufgrund einer sonderbaren, ja beinahe magischen Eigenschaft des Vakuums ziehen sich die Platten an!

Die Lösung liegt in den Quantengesetzen der Physik, mit denen wir uns noch ausführlich beschäftigen werden. Denen zufolge können sich überall, auch im Vakuum, für sehr kurze Zeiten sog. virtuelle Teilchen bilden, etwa Elektronen oder Lichtteilchen (Photonen). Sie müssen nur schnell genug wieder verschwinden, um die Quantengesetze nicht zu verletzen. Je weniger Energie sie tragen, desto mehr Zeit dürfen sie sich aus dem Vakuum »borgen« (dabei bedeutet »wenig«, dass ein Teilchen mit einer Energie von 10–20 J etwa eine Trilliardstel Sekunde – 10^{-15} s – im Vakuum bestehen darf). Während ihrer zugegebenermaßen wirklich kurzen Lebenszeit können die virtuellen Teilchen nichtsdestotrotz mit ihrer Umgebung messbar in Wechselwirkung treten.

Die Chance für virtuelle Partikel, im Vakuum einen Partner zum Interagieren zu finden, ist beliebig klein. Doch wenn wir unsere Metallplatten aufstellen, dann können sie prinzipiell auf deren Oberfläche einwirken. Prallen sie dort auf, werden sie reflektiert und die Platte erfährt einen unvorstellbar kleinen Rückstoß. Bei einer einzelnen Platte geschieht dies auf beiden Seiten gleich häufig, sodass netto keine Kraft auf sie einwirkt.

Nun stellen wir beide Platten ins Vakuum – und die Situation sieht anders aus! Photonen besitzen, wie wir noch sehen werden, bestimmte Eigenschaften einer Welle. Insbesondere bilden sie, ähnlich wie Schallwellen in einer Orgelpfeife, stehende Wellenmuster aus, deren Wellenlänge ein Vielfaches des Plattenabstands sein muss. Mit anderen Worten: indem wir eine zweite Platte in die Nähe der ersten bringen, können zwischen den Platten nur noch virtuelle Photonen mit passender Wellenlänge entstehen, während außerhalb alle Photonenwellenlängen erlaubt sind.

In der Folge gibt es zwischen den Platten nun weniger Photonen als außerhalb und der »virtuelle Druck« ist innen schwächer als außen. Damit gibt es eine

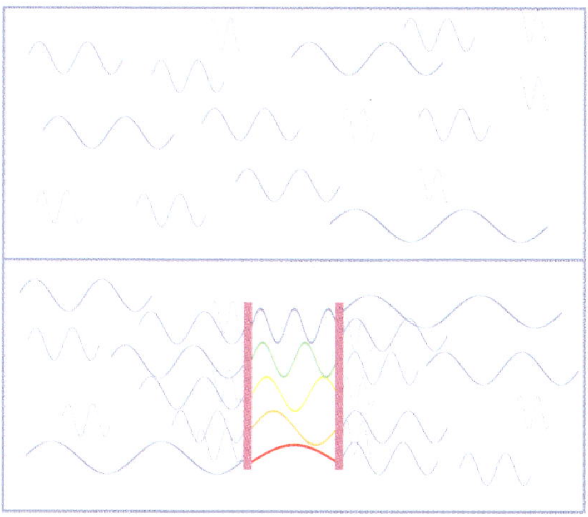

Beim Casimir-Effekt treten zwischen den Platten weniger virtuelle Photonen auf als außerhalb. Daher ist der von ihnen ausgeübte Druck dort geringer als an der Außenseite und die Platten werden ein winziges Stück nach innen gedrückt.

Netto-Kraft, welche die Platten aufeinanderzutreibt. Diese Kraft ist umso stärker, je dichter die Platten beieinanderhängen.

Es ist fraglich, welche Leistung höher einzuschätzen ist: Dass Hendrik Casimir (1909–2000) diese »Kraft aus dem Nichts« 1948 nur aufgrund theoretischer Überlegungen vorhergesagt hat, oder dass dieses seitdem Casimir-Effekt genannte Phänomen 1958 in einem Labor tatsächlich gemessen wurde. Heute ist der Casimir-Effekt für Mikrosystem-Ingenieure ein reales Problem: Maschinen, deren Größe im Nanometerbereich liegt, die also kleiner als ein Milliardstel Meter sind, spüren eine merkliche Casimir-Kraft zwischen ihren eng benachbarten Komponenten. Dass diese Maschinen nicht zwingend im Vakuum arbeiten, ändert nur die Größe der Kraft, nicht aber ihre Existenz.

Auch für die Kosmologie ist der Casimir-Effekt von Bedeutung: Wir wissen heute, dass das Universum beschleunigt expandiert, weil eine »Dunkle Energie« des Vakuums Raum und Zeit auseinandertreibt. Die Casimir-Kraft ist der ideale Kandidat hierfür – nur ist ihr Effekt um 120 Größenordnungen (10^{120}) zu groß! Dieses Missverhältnis ist nur eine der großen offenen Fragen der modernen Physik.

Die letzten großen Fragen

Mit diesem Buch möchte ich versuchen, Ihnen die Grundlagen zu vermitteln, um den Casimir-Effekt etwas besser zu verstehen, als Ihnen das vielleicht beim ersten Durchlesen des vorigen Abschnitts gelungen ist. Sie werden in der zweiten Hälfte dieses Buches den aktuellen Stand der Physik besonders in den Gebieten dargeboten bekommen, die in der Schule nicht behandelt oder nur gestreift werden. Damit werden Sie einen Einblick in die aktuelle physikalische Grundlagenforschung erhalten und sehen, dass sie immer noch ganz essenzielle Fragen unserer Existenz zum Thema hat.

Grundlagenforschung zu betreiben, immer weiter nach dem »Wie geschieht das?« zu fragen und zu den »letzten großen Fragen« vorstoßen zu wollen, ist eine besondere Eigenart des Menschen. Sie ist ein Bestandteil unserer Kultur, so wie es Kunst, Musik und Literatur sind. Letztlich – so formulierte es kürzlich der CERN-Direktor Rolf-Dieter Heuer in einem Interview – ist sie »genau das, was den Menschen vom Tier unterscheidet«. Ohne Grundlagenforschung gäbe es zudem keine angewandte Forschung, ohne angewandte Forschung gäbe es keine technologischen Fortschritte und keine Möglichkeit, technische Lösungen für drängende Probleme wie Energieknappheit oder Klimawandel zu finden. In diesem Sinne werden die »letzten großen Fragen« immer ein Thema der Physik sein, aber an ein Ende wird sie damit wohl niemals gelangen.

Mechanik

Die Mechanik beschäftigt sich mit der Beschreibung des Ruhens (Statik) und der Bewegung (Dynamik) von Gegenständen bzw. Körpern mit »gewöhnlichen« oder »makroskopischen« Abmessungen. Im Kapitel über die Mechanik werden wir viele Begriffe kennenlernen und physikalisch definieren, die in der Physik immer wieder auftauchen: Masse, Kraft, Impuls, Energie, Leistung usw. Insofern dient dieses Kapitel auch als Grundlage für alle anderen Abschnitte dieses Buches.

Kraft, Masse und Gewicht

Für alle Prozesse der Mechanik ist der Begriff der »Kraft« ein zentrales Element. Darunter versteht die Physik allgemein gesprochen alles, was Körper in Bewegung setzen, beschleunigen oder bremsen kann. Dabei gilt: je stärker eine Kraft ist, desto mehr ändert sich der Bewegungszustand eines Körpers. Nur wenn auf ein Objekt keine Kraft wirkt oder aber alle angreifenden Kräfte sich gegenseitig aufheben, ändert es seine Geschwindigkeit nicht (oder bleibt in Ruhe). Weiterhin gilt, dass bei gleicher Kraft der Effekt auf einen leichteren Körper größer ist als auf einen schwereren. All diese Aussagen lassen sich in einer für die Physik äußerst wichtigen Formel zusammenfassen, welche von Isaac Newton (1643–1727) erstmals formuliert wurde:

Kraft ist gleich Masse mal Beschleunigung.

In Newtons Formel erfolgt die Beschleunigung in der gleichen Richtung, in welcher auch die Kraft wirkt. Kraft und Geschwindigkeit sind also Größen, die eine Richtung besitzen, sog. *Vektorgrößen*. Im Sinne der Formel ist übrigens ein Abbremsen ebenfalls eine Beschleunigung, nur mit negativem Vorzeichen.

Dem großen Physiker Newton zu Ehren ist die physikalische Einheit der Kraft das »Newton«, abgekürzt 1 N.

In der Kraft-Beschleunigungs-Formel taucht der Begriff »Masse« auf. Dieser wird oft mit dem Gewicht (oder der Gewichtskraft) eines Körpers verwechselt, welches auf einer Waage angezeigt wird. Hier – wie so oft in der Physik – muss man aber mit den Begriffen sorgfältig umgehen, um die zugrundeliegenden Konzepte verstehen zu können. Gewicht oder Gewichtskraft nennt man die Kraft, mit welcher ein Körper auf der Oberfläche der Erde von der Erdanziehung nach unten gezogen wird. Beträgt diese Kraft 9,81 N, dann hat der Körper eine Masse von genau einem Kilogramm (1 kg). Praktischerweise sind Waagen, obwohl sie eigentlich Kräfte messen, nicht in Newton, sondern in Kilogramm geeicht, sodass der Physiker beim morgendlichen Blick auf die Waage nicht etwa 781 N, sondern 79,6 kg angezeigt bekommt. Entscheidend ist nun, dass der Umrechnungsfaktor von 9,81 keineswegs eine universelle Konstante ist, sondern nur auf der Erde und strenggenommen auch dort nur auf Meereshöhe in mittleren Breiten diesen Wert annimmt. Auf hohen Bergen, im Erdinneren und erst recht auf anderen Planeten hat er teilweise stark abweichende Werte.

Kommen wir noch einmal auf »Kraft ist gleich Masse mal Beschleunigung« zu sprechen: Interessant dabei ist insbesondere die Aussage, dass ein Körper, wenn keine Kraft auf ihn wirkt, seinen Bewegungszustand nicht ändert. Das heißt, ruhende Körper bleiben in Ruhe (so weit deckt sich das mit der Alltagserfahrung, besonders morgens), aber eben auch: bewegte Körper bleiben in Bewegung. Unsere Alltagserfahrung sagt hier jedoch etwas ganz anderes, nämlich dass z. B. ein rollendes Fahrrad, bei dem die Krafteinwirkung auf die Pedale stoppt, umkippt und dann liegen bleibt. Das ist richtig, doch wirken auf ein Fahrrad eine ganze Reihe bremsender Kräfte: Der Luftwiderstand, die Reibung im Kugellager, die Verformung des nicht ganz aufgepumpten Reifens und vielleicht auch ein schleifendes Schutzblech. Gäbe es all diese Kräfte nicht, wäre also unser Fahrrad ein Raumschiff im luftleeren Raum, dann würde es tatsächlich, einmal in Schwung gekommen, ohne Antrieb unendlich weit fahren können. So fliegen die beiden 1977 gestarteten Voyager-Raumsonden nach wie vor durch das All, obwohl seit Jahrzehnten kein Antriebsaggregat mehr eine Kraft auf sie ausge-

Völlig losgelöst

Auf der Oberfläche der Erde wirkt auf Körper immer die Schwerkraft. Für verschiedene physikalische Experimente oder materialtechnische Fertigungsmethoden ist es allerdings von Vorteil, wenn Schwerelosigkeit herrscht. Nicht immer kann man einen Versuch in den Weltraum schicken, Starts zur Internationalen Raumstation ISS sind sehr teuer. Auch Fallversuche wie zum Beispiel im Fallturm in Bremen sind nicht immer ausreichend, hier können die Experimente nur für knapp 5 Sekunden schwerelos bleiben. Einen Mittelweg stellen Parabelflüge mit speziell dafür ausgerüsteten Laborflugzeugen dar.

Was bedeutet überhaupt Schwerelosigkeit? Ein Körper ist dann schwerelos, wenn er keine Gewichtskraft gegenüber einer Auflagefläche erfährt. Jeder kann sehr einfach Schwerelosigkeit erzeugen: Legen Sie einen Löffel in eine Dose und werfen Sie die Dose hoch. Während des Fluges erfährt der Löffel keine Gewichtskraft gegenüber der Dose, ist also für einen Moment schwerelos. Sie kennen vielleicht auch das Gefühl der kurzzeitig verringerten Schwerkraft, wenn Sie in einem Aufzug nach unten fahren. Im Moment, in dem Sie losfahren, scheint einem der Magen (und sein Inhalt) ein wenig nach oben zu steigen – eine Folge der reduzierten Gewichtskraft.

Ein Objekt ist dann gegenüber seiner Umgebung (Labor, Gehäuse, Dose, Aufzugkabine, Raumschiff) schwerelos, wenn sich diese im freien Fall befindet. Im freien Fall wiederum ist ein Objekt, auf das nur die Schwerkraft wirkt. Wirft man eine Kiste hoch, dann bewegt sie sich nach dem Abwurf entlang einer Parabelbahn (»Wurfparabel«), die nur durch Abwurfgeschwindigkeit und Schwerkraft bestimmt wird. Nichts anderes geschieht bei einem Parabelflug: Das Flugzeug fliegt steil nach

In speziell eingerichteten Flugzeugen der europäischen Weltraumagentur ESA können Wissenschaftler für jeweils eine halbe Minute ohne wahrnehmbare Schwerkraft experimentieren. Das Flugzeug fliegt während dieser Zeit antriebslos im »freien Fall«, d. h. auf einer Wurfparabel, sodass die Insassen relativ zum Flugzeugrumpf zu schweben scheinen.

oben, schaltet dann den Schub ab und gleitet entlang einer solchen Wurfparabel zunächst nach oben und dann nach unten, bis der Pilot wieder durchstartet und das Flugzeug abfängt. Dabei werden bis zu einer halben Minute andauernde Phasen der »Schwerelosigkeit« erreicht, und dies gelingt einem geübten Piloten bis zu mehrere Dutzend mal direkt hintereinander!

Für die mitfliegenden Menschen ist diese Erfahrung übrigens nicht immer leicht verdaulich. Es kommt zur Bewegungskrankheit mit Übelkeit, sodass Parabelflugzeuge unter Wissenschaftlern den wenig schmeichelhaften Spitznamen »Kotzbomber« tragen.

Im Weltraum – also etwa auf der Internationalen Raumstation ISS – kommt die Schwerelosigkeit dadurch zustande, dass sich die Station in ihrer Erdumlaufbahn fortwährend im freien Fall befindet. Sie fällt gewissermaßen »an der Erde vorbei«.

Genau genommen sollte man allerdings hier wie in allen angesprochenen Fällen nicht von Schwerelosigkeit, sondern besser von »Mikrogravitation« sprechen. Auch in der Internationalen Raumstation kommt es immer wieder zu Beschleunigungseffekten. Neben zufälligen Störungen liegt dies v. a. daran, dass die ISS von den sehr dünnen oberen Randschichten der Erdatmosphäre beständig leicht abgebremst wird. Um zu verhindern, dass sie dadurch in immer tiefere Umlaufbahnen gerät, werden gelegentlich Korrekturtriebwerke gezündet, welche die Station wieder in höhere Bahnen anheben. Die dabei auftretenden Trägheitseffekte können die sehr empfindlichen Experimente stören.

Gewicht auf verschiedenen Planeten

Am Äquator ist der Umrechnungsfaktor zwischen Gewicht und Masse tatsächlich noch etwas kleiner als die genannten 9,81 Newton pro Kilogramm, nämlich 9,78 Newton pro Kilogramm, da die von der Drehbewegung der Erde hervorgerufene, nach oben gerichtete Fliehkraft dort stärker ist.

Die Anziehungskraft anderer Planeten unterscheidet sich noch deutlich stärker von derjenigen auf der Erde, weswegen Gewicht und Masse dort ganz anders umgerechnet werden müssen. In der folgenden Tabelle ist die Gewichtskraft, die ein Körper der Masse 1 kg auf verschiedenen Planeten und Monden des Sonnensystems »auf die Waage bringt« jeweils am Äquator des Himmelskörpers genannt. In der rechten Spalte ist angegeben, wie »schwer« dort eine Masse von 1 kg auf einer Erdwaage angezeigt werden würde:

Himmelskörper	Gewichtskraft eines Körpers der Masse 1 kg am Äquator	1 kg = 1000 g würde auf einer Erdwaage angezeigt werden als
Merkur	3,70 N	378 g
Venus	8,87 N	907 g
Erde	9,78 N	1000 g
Mars	3,69 N	377 g
Jupiter[1]	23,12 N	2364 g
Saturn[1]	8,96 N	916 g
Uranus[1]	8,69 N	889 g
Neptun[1]	11,00 N	1125 g
Ceres[2]	0,27 N	28 g
Pluto[2]	0,58 N	59 g
Erdmond	1,62 N	166 g
Europa[3]	1,32 N	135 g
Iapetus[3]	0,26 N	27 g
Titan[3]	1,34 N	137 g

[1] Diese Planeten sind Gasplaneten, sie haben keine feste Oberfläche, auf die man die Waage stellen könnte.

[2] Ceres und Pluto sind Zwergplaneten. Pluto wurde lange Zeit als neunter Planet bezeichnet.

[3] Europa ist ein Mond des Jupiter, Iapetus und Titan sind Monde des Saturns. Alle Gasplaneten haben noch viele weitere Monde.

übt hat – mittlerweile haben sie sogar schon unser Sonnensystem verlassen!

Diese Tatsache, dass ein Körper ohne Krafteinwirkung seinen Bewegungszustand beibehält, bezeichnet man als das *erste Newtonsche Axiom*. Dass die Änderung des Bewegungszustands proportional zur Kraft und umgekehrt proportional zur Masse eines Körpers ist, also unsere Formel von oben, ist das *zweite Newtonsche Axiom*.

Um diese Prinzipien etwas anschaulicher zu machen, betrachten wir verschiedene mechanische Systeme, deren grundsätzliches Verhalten in verschiedenen Bereichen der Physik immer wieder in gleicher oder ähnlicher Form auftaucht. Zunächst der einfachste Fall: Ein Körper der Masse 1000 kg, etwa ein beladener Kleinwagen, wird mit einer Kraft von 2500 Newton (N) beschleunigt. Nach einer Sekunde hat das Auto bereits eine Geschwindigkeit von 2,5 Metern pro Sekunde (m/s) oder 9 Kilometern pro Stunde (km/h). Das heißt, pro Sekunde wächst die Geschwindigkeit um 2,5 m/s, die Beschleunigung beträgt 2,5 m/s^2. Nach 5 Sekunden erreicht der Wagen 12,5 m/s (45 km/h), nach 10 Sekunden 90 km/h und »von null auf hundert« schafft er in 11,1 s. Wollten wir die Kraft von 2500 N dadurch aufbringen, dass wir ein Gewicht vorne an das Auto hängen (über eine Umlenkrolle, siehe Abbildung), dann müsste das Gewicht eine Masse von 255 kg (2500/9,81) haben. So stark »zieht« also ein typischer Automotor.

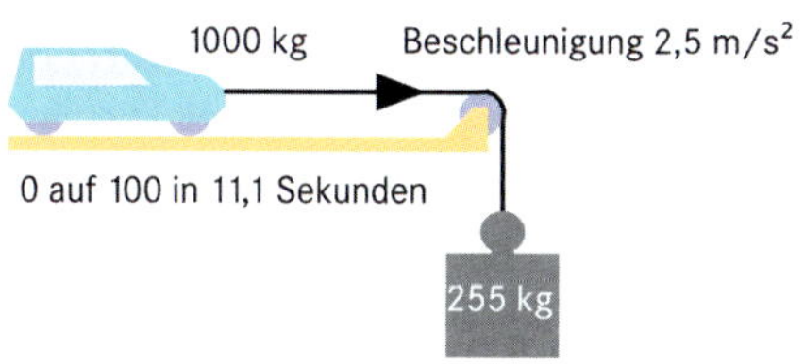

Ein Automotor beschleunigt einen PKW in etwa so, also würde ein Gewicht von 255 kg über eine Umlenkrolle den Wagen nach vorne ziehen.

Solche *x-y*-Diagramme, auf denen ein Wert gegenüber einem anderen aufgetragen wird, werden in der Physik häufig verwendet, um Zusammenhänge darzustellen. Hier sind auf der *y*-Achse Beschleunigung (blau), Geschwindigkeit (rot) und Ort (grün) eines Körpers, der mit der konstanten Beschleunigung 2 m/s² beschleunigt wird, zu bestimmten Zeitpunkten (*x*-Achse) nach Beginn der Beschleunigung dargestellt. In gelb markiert: Nach 3 Sekunden hat der Körper die Geschwindigkeit 6 m/s und ist 9 m vom Startort entfernt.

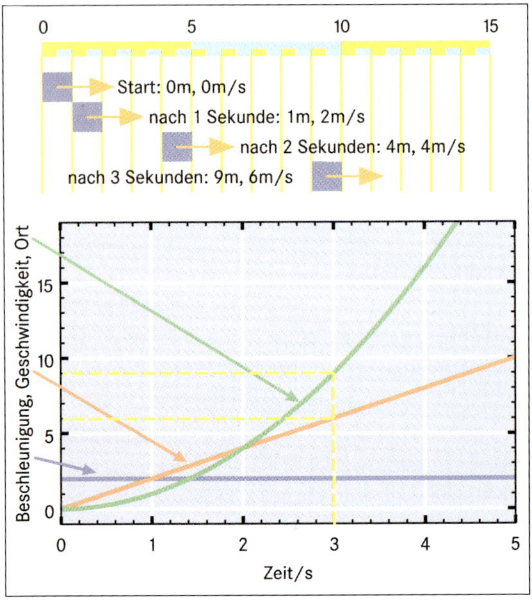

Der Impuls

Physiker definieren die Kraft zuweilen auf eine andere Weise, nämlich als die Änderung einer »Impuls« genannten Größe. Der *Impuls* ist in einem einfachen mechanischen System das Produkt aus Masse und Geschwindigkeit eines Körpers. Der Impuls ist eine sog. Erhaltungsgröße: In einem in sich abgeschlossenen System kann Impuls zwar zwischen den Teilen des Systems übertragen werden, er geht aber nie verloren oder entsteht aus dem Nichts. Impuls wird immer dann ausgetauscht, wenn zwei oder mehr Objekte zusammenstoßen. Die Summe der Impulse vor und nach dem Stoß muss dabei gleich sein. (Bei der Summation ist dabei, wie immer bei Vektorgrößen, auch die jeweilige Richtung zu berücksichtigen.)

Man unterscheidet zwischen verschiedenen Arten des Stoßes. Beim *elastischen Stoß* sind die beteiligten Körper vor und nach dem Stoß getrennt. Ein Beispiel

Erhaltungsgrößen und Symmetrien
Die theoretische Physik erlaubt es, Zusammenhänge zwischen Symmetrien in der Welt und der Erhaltung von physikalischen Größen herzustellen. Wir wissen, dass es von den physikalischen Gesetzen her egal ist, an welcher Stelle im Universum etwas passiert. Aus dieser *»Invarianz des Ortes«* folgt die Erhaltung des Impulses. Gleich geartete physikalische Experimente ergeben immer das gleiche Ergebnis, ganz egal, wann sie durchgeführt werden. Aus dieser *Invarianz der Zeit* gegenüber folgt die Erhaltung der Energie eines abgeschlossenen Systems. Schließlich ist es auch egal, in welche räumliche Richtung ein Experiment bewegt wird. Aus dieser sogenannten *»Isotropie des Raumes«* folgt die Erhaltung des Drehimpulses. Es gibt noch weitere Erhaltungsgrößen und Größen, die sich nur in eine Richtung verändern können, zum Beispiel die elektrische Ladung, die in einem abgeschlossenen System immer konstant bleibt, oder die Unordnung, die in der Physik Entropie heißt – sie kann nur zunehmen. Den Zusammenhang von Symmetrie und Erhaltung klärte die deutsche Physikerin Emmy Noether (1882–1935), und derartige Symmetrien sind auch das Forschungsgebiet der Physik-Nobelpreisträger des Jahres 2008.

für solche Stöße findet man beim Billardspiel. Beim (vollständig) *inelastischen Stoß* vereinigen sich die Körper beim Stoß zu einem Objekt mit gemeinsamer Masse, Geschwindigkeit und Impuls. Autounfälle, bei denen sich die Fahrzeuge ineinander verkeilen, sind näherungsweise solche inelastischen Stöße, wobei natürlich auch elastische Stöße auftreten: umherfliegende Splitter, Reifen oder Bleche.

Beim elastischen Stoß ändern sich die Impulse der beteiligten Körper stärker als beim inelastischen. Da größere Impulsänderungen stärkere Kräfte bedeuten, ist auch das Verletzungsrisiko der Insassen höher. Autos werden daher so konstruiert, dass die Stöße bei Unfällen möglichst inelastisch sind und große Anteile der Stoßkräfte in die Verschiebung und Verformung

Impulsübertrag bei schwach inelastischem Stoß. Der Impuls der weißen Kugel wird zunächst fast vollständig auf die getroffenen Kugeln übertragen. Durch Reibung am Tisch und Verformung der Bande kommt einige Zeit nach dem Stoß alles wieder zur Ruhe.

von Blechteilen umgelenkt werden. Ein Auto, das bei einem Frontalcrash unbeschädigt bliebe, würde die Insassen verformen, während eine verformte Knautschzone die Fahrgastzelle und die Insassen weitgehend intakt lässt.

Energie

Das Wort »Energie« wird in der Umgangssprache in vielen Zusammenhängen gebraucht. Auch für die Physik ist die Energie ein zentraler Begriff, dessen Bedeutung jedoch nicht immer mit unseren Alltagserfahrungen übereinstimmt. Energie kommt in der Natur in vielen verschiedenen Formen vor, und all diese Formen können ineinander umgewandelt werden. Allein die *mechanische Energie* kann sich (1) in Massen befinden, die nach oben transportiert wurden, in gespannten Federn (2), in bewegten Massen (3) oder in rotierenden Objekten (4). Diese vier Formen von Energie haben eines gemeinsam – in jedem Fall wird Kraft entlang eines Weges ausgeübt:

1. Die Masse wird entgegen ihrer Gewichtskraft angehoben. Je schwerer die Masse und je größer die Hubhöhe ist, desto mehr *potenzielle Lageenergie* wird gespeichert.

2. Die Feder wird entgegen ihrer Rückstellkraft gespannt oder gedrückt. Je kräftiger die Feder ist und je länger der Weg, desto größer die *potenzielle elastische Energie*.

3. Um einen Körper zu beschleunigen, wird eine Kraft auf ihn in Beschleunigungsrichtung ausgeübt. Je größer die Masse ist und je länger der Weg, über den die Kraft wirkt, desto mehr *kinetische Energie* steckt in der Bewegung.

4. Um einen Körper »aufzudrehen«, muss über einen Hebelarm eine Kraft auf ihn wirken, die hier Drehmoment heißt; und wiederum bedeuten ein großes Drehmoment und ein weiter Schwung hohe *Rotationsenergie*.

Formal ist die mechanische Energie definiert als die Kraft in Bewegungsrichtung multipliziert mit der Länge der Bewegung in Richtung der Kraft, oder kurz:

Energie ist Kraft mal Weg.

Die Einheit der Energie ist das Joule, J. Ein Joule ist eine recht geringe Energiemenge, sie reicht gerade eben aus, um ein ca. 100 g schweres Gewicht einen Meter hoch zu heben (Kraft = Gewichtskraft, ca. 1 N bei 100 g Masse; Weg 1 m; Energie = 1 m × 1 N = 1 Nm = 1 J).

Wenn ein Körper in Bewegung ist, dann wurde er aus der Ruhe beschleunigt, hat also über einen bestimmten Weg eine Kraft erfahren. Mathematisch lässt sich zeigen, dass die Energie E, die ein Körper der Masse m mit der Geschwindigkeit v hat, als

$$E = \frac{1}{2} \times m \times v^2$$

dargestellt werden kann. Ein Auto der Masse 1000 kg, das mit 96 km/h = 30 m/s fährt, hat eine Bewegungsenergie bzw. kinetische Energie von 450 000 J, also 450 kJ.

Einige Formen der Energie. Im Prinzip sind alle Energieformen ineinander umwandelbar.

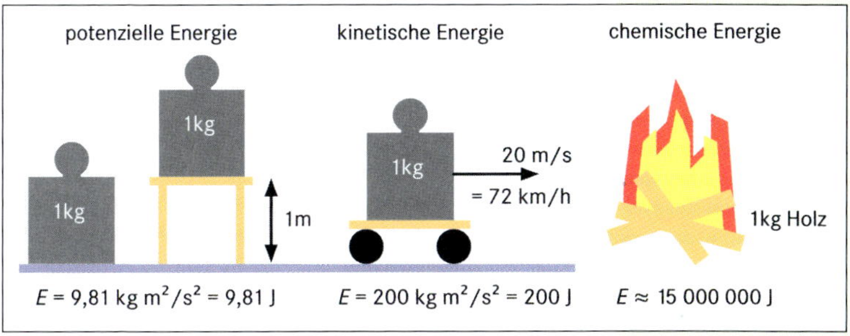

Leistung

Leistung ist die physikalische Bezeichnung für Energie, die pro Zeit aufgebracht wird. Dieses entspricht ja auch dem Alltagssprachgebrauch: Jemand, der viel leistet, erledigt viel Arbeit (= Energie) in wenig Zeit. Die

Leistung wird in Watt (W, 1 W = 1 J × s = 1 Js) gemessen. Ein Watt ist dabei die Leistung, die 1 Joule pro Sekunde umsetzt. Wie beim Joule ist auch ein Watt eine recht geringe Leistung im Vergleich zu vielen Alltagsphänomenen. Wenn ein Mensch mit einer Masse von 80 kg eine Kniebeuge aufwärts macht, dann bewegt er seine Rumpfmasse von ca. 50 kg um etwa 0,5 m nach oben und wendet dafür eine Energie von 25 J auf. Schafft er dies in einer halben Sekunde, beträgt seine Leistung etwa 50 W, lässt er sich fünf Sekunden Zeit, sind es nur noch 5 W.

Auch die veraltete Einheit »Pferdestärke« (PS) ist eine Leistungseinheit. Ein PS entspricht 735 Watt. In der Autowerbung werden noch bis zum 1. Januar 2010 beide Leistungsdaten eines Motors angegeben: 90 kW = 122 PS. Der Motor leistet dann maximal (!) 90 kW, kann also pro Sekunde 90 000 J chemische Energie des Treibstoffs in Bewegungsenergie umwandeln. Rechnen wir das auf die Beschleunigung um: Unser Auto mit 90-kW-Motor setzt innerhalb von 5 s 450 kJ in Bewegungsenergie um, kann also in 5 s auf knapp 100 km/h beschleunigen, wenn es optimal seine »Leistung auf die Straße« bringt.

Drehimpuls und Drehmoment

Eine wichtige Klasse von Bewegungen sind die Drehbewegungen. Bei Drehbewegungen rotiert ein Objekt um eine Achse – diese kann wie bei einem Kreisel innerhalb des Körpers verlaufen oder wie bei einer Figur auf einem Karussell außerhalb. Solch eine Rotation wird beschrieben durch ihre Rotationsgeschwindigkeit und die räumliche Orientierung der Drehachse. Die Rotationsgeschwindigkeit oder »Drehzahl« gibt an, wie oft sich das Objekt in einer Sekunde um die Rotationsachse dreht. Ihre Einheit ist das Hertz (Hz). Wird noch die Masse des Drehkörpers (und deren Verteilung) berücksichtigt, so spricht man vom *Drehimpuls*, der bei Rotationen dieselbe Rolle spielt wie der Impuls bei linearer Bewegung. Änderungen des Drehimpulses werden von einem *Drehmoment* hervorgerufen. Dies ist eine Kraft, die über einen Hebelarm auf eine Achse wirkt. Die Einheit des Drehmoments ist das Newtonmeter (Nm). Der Masse bei geradlinigen Bewegungen entspricht bei Drehungen das sog. Trägheitsmoment. Je höher das Trägheitsmoment eines Körpers, desto mehr Energie und Drehimpuls ist bei gleicher Rotationsgeschwindigkeit in der Drehbewegung enthalten. Das Trägheitsmoment eines Körpers wird von der Verteilung seiner Masse bestimmt: Liegt viel Masse nahe an der Drehachse, dann ist das Trägheitsmoment kleiner, wenn die meiste Masse weiter vom Drehzentrum entfernt liegt, ist es größer.

Ein Trägheitsmoment ist immer bezüglich einer bestimmten Achse definiert – das Trägheitsmoment eines Bleistifts bezüglich seiner Längsachse ist sehr klein, senkrecht dazu dagegen deutlich größer.

Auch der Drehimpuls ist eine Erhaltungsgröße, ohne äußeres Drehmoment bleibt er konstant in Betrag und Richtung. Beide Aspekte der Drehimpulserhaltung lassen sich technisch und auch im Alltag nutzen. So beruht die Stabilität eines (rollenden) Fahrrads auf diesem Effekt. Eiskunstläuferinnen oder Tänzer nutzen die Drehimpulserhaltung, wenn sie bei einer Pirouette die Arme anziehen oder ausstrecken. Sie versetzen sich dazu zunächst in eine relativ langsame Drehung und halten die Arme möglichst weit vom Körper entfernt. Ihr Körper hat in dieser Haltung ein relativ großes Trägheitsmoment. Nun werden die Arme angelegt – das Trägheitsmoment nimmt schlagartig ab. Damit der Drehimpuls erhalten bleibt, muss sich die Rotationsgeschwindigkeit entsprechend stark erhöhen. Den Versuch kann man auch im Büro auf einem Drehstuhl (langsam!) nachvollziehen: Halten Sie die Arme ausgestreckt, während Sie auf dem Stuhl sitzen. Ein Kollege soll Sie drehen. Nun nehmen Sie die Arme zum Körper. Nicht erschrecken! Wenn es zu schnell wird, einfach die Arme wieder nach außen bewegen.

Eiskunstläuferinnen wissen die Drehimpulserhaltung zu nutzen. Ihre hohen Drehgeschwindigkeiten erzielen sie durch Veränderung ihres Trägheitsmomentes. Auch Salto-Schrauben-Kombinationen bei Trampolin- oder Turmspringern werden durch Drehimpulserhaltung und asymmetrische Veränderung des eigenen Trägheitsmoments bewirkt.

Warum ist ein Fahrrad an der Ampel schneller als ein Auto?

Einige Leser kennen den Begriff »Newtonmeter« (Nm), die physikalische Einheit des Drehmoments, vielleicht von der Drehmomentkurve eines Automobilmotors. Ein Motor ist letztendlich eine mechanische Vorrichtung, die lineare Bewegungen, nämlich das Auf und Ab des Kolbens, in eine Drehbewegung der Kurbelwelle umwandelt. Durch weitere komplizierte Vorrichtungen (Getriebe, Welle, Rad und Reifen) wird diese Drehbewegung »auf die Straße gebracht« und wieder in eine lineare Bewegung umgewandelt: Das Auto fährt vorwärts. Eine ganz gleichartige Umwandlungskette findet beim Fahrrad statt: Beim Treten der Pedale wird aus dem Auf und Ab der Füße eine Drehbewegung von Pedalachse und Kettenblatt. Diese Drehbewegung wird mithilfe der Kette auf die Hinterachse und über die Speichen an das Laufrad abgegeben und wirkt dort als lineare Vortriebskraft gegenüber der Straße.

Warum beschleunigt nun ein Radfahrer, zumindest ein sportlicher, an der Ampel zunächst stärker als ein Auto? Wir erinnern uns an die lineare Beschleunigung: Um einen 100 kg schweren Radfahrer inklusive Rad genauso stark zu beschleunigen wie ein 1000 kg schweres Auto, muss nur ein Zehntel der Kraft aufgebracht werden. Die Kraft wirkt beim Fahrrad über einen Hebelarm von 14 Zoll (den Radius eines 28-Zoll-Hinterrades, das sind etwa 35 cm), beim Auto über einen Hebelarm von etwa 8 Zoll (der Radius eines 16-Zoll-Rades, etwa 20 cm).

Ein typischer Automotor mit etwa 100 PS liefert ein Drehmoment von 148 Nm. Bei einem Hebelarm von 20 cm (0,2 m) bedeutet das eine Kraft von 740 N. Allerdings liegt da noch das Getriebe dazwischen, was im ersten Gang etwa dreieinhalbfach untersetzt ist. Dreieinhalb Drehungen der Kurbelwelle des Motors erzeugen damit eine Umdrehung des Antriebsrads, das Drehmoment und die beschleunigende Kraft werden um den Faktor 3,5 größer. Dazu kommt, das zu Anfang nicht das ganze Motordrehmoment zur Verfügung steht, denn man kuppelt besser langsam ein. Wir können davon ausgehen, dass in der ersten Sekunde nach dem Losfahren nur die Hälfte des Drehmoments von der noch schleifenden Kupplung an die Antriebsachse weitergegeben wird. Dann wirkt eine beschleunigende Kraft von knapp 1300 N auf das Auto. Beträgt dessen Masse mit Fahrer 1300 kg, wird es nach einer Sekunde die Geschwindigkeit 1 m/s haben, also 3,6 km/h.

Wie sieht dies beim Fahrrad aus? Wiegt der Radfahrer 80 kg (rund 800 N Gewichtskraft) und haben die Pedale einen Hebelarm von 0,2 m, dann wirkt ein Drehmoment von 160 Nm, wenn der Radler sich mit seinem

Beim Starten haben Fahrräder die besseren Karten, erst bei etwas längerer Fahrt kann das Auto seine wesentlich höhere Antriebsleistung ausspielen.

gesamten Gewicht auf das Pedal stellt (das gleiche Drehmoment wie beim 100-PS-Motor!). Dies wird vom ersten Gang (Untersetzung 0,75) der Schaltung auf über 200 Nm erhöht, womit eine Beschleunigungskraft von 285 N für die 100 kg von Fahrrad und Fahrer auf die Straße gebracht werden. Und siehe da, die Beschleunigung beträgt 2,85 m/s^2, nach einer Sekunde ist das Rad also schon 2,85 m/s = 10,3 km/h schnell! Solange beim Auto die Kupplung noch schleift und der Radfahrer in seinem optimalen Drehzahlbereich tritt, beschleunigt das Auto langsamer als das Fahrrad. Beim Fahrrad geht das Drehmoment mit steigender Drehzahl allerdings deutlich zurück – deshalb werden Alltagsradler nach einigen hundert Metern in der Regel eingeholt.

Elektroautos und Hybridwagen, die einen Elektromotor als Drehmomentquelle verwenden, haben übrigens keine Kupplung und eine andere Drehmomentkurve. Sie können sofort das volle Drehmoment zum Vortrieb nutzen und beschleunigen daher an der Ampel etwa genauso schnell wie Radfahrer.

Druck

Der *Druck* gibt an, welche Kraft auf eine Fläche wirkt. Liegt ein Holzklotz mit der Gewichtskraft 10 N (etwas mehr als 1 kg Masse) auf einem Tisch und hat der Klotz eine Auflagefläche von etwa 10 cm × 10 cm = 100 cm^2 = 0,01 m^2, dann übt er auf die Auflagefläche einen Druck von 10 N/100 cm^2 = 10 N/0,01 m^2 = 1000 N/m^2 = 1 kPa aus. »Pa« steht für die gesetzliche Druckeinheit Pascal. 100 kPa entsprechen der noch gebräuchlichen Einheit »bar« (deshalb ist ein mbar gleich einem hPa = Hektopascal). Der Klotz aus dem Beispiel übt also einen Druck von 1 kPa = 10 hPa = 10 mbar auf den Tisch aus.

Auch eine Flüssigkeit oder ein Gas können einen Druck auf eine Fläche ausüben. So lastet die Luft der Erdatmosphäre im Durchschnitt mit 1013,25 hPa (bzw. etwas mehr als einem bar) auf jedem Objekt auf der Erdoberfläche. Dass wir diesen *Normalluftdruck* normalerweise nicht merken, liegt daran, dass er in jede Richtung wirkt. Das wird an einem Beispiel klar: Ein Blatt Papier, das wir in die Luft halten, erfährt sowohl von der Vorder- als auch von der Rückseite den gleichen Druck durch die Erdatmosphäre. Erst wenn man auf der einen Seite die Atmosphäre beseitigt, also etwa mit einer Pumpe ein Vakuum erzeugt, wird das Papier mit beachtlichen 10 000 Newton pro Quadratmeter belastet.

Da Wasser wesentlich schwerer ist als Luft, steigt der Druck unter Wasser mit der Tiefe schnell an, nämlich jeden Meter um etwa 100 kPa. Das ist der Grund, warum beim Tauchen schon im 3 Meter tiefen Schwimmbecken die Ohren knacken: Hier lastet auf dem kleinen Trommelfell bereits eine Kraft von einigen hundert Gramm (exakt: eine Kraft, die so groß ist wie die Gewichtskraft einer Masse von einigen hundert Gramm). Und die Luft in der Lunge wird in 3 m Tiefe sogar mit einigen Dutzend Kilogramm zusammengedrückt.

Wie hoch kann man Wasser saugen?
Ein häufiges Missverständnis ist, dass man Wasser oder andere Flüssigkeiten beliebig hoch saugen kann, wenn die Pumpe nur stark genug ist. Das stimmt allerdings nicht. Eine Saugpumpe funktioniert nur deshalb, weil die Flüssigkeit von der Erdatmosphäre unter dem Normaldruck von 100 kPa (1 bar) gehalten wird. Entfernt man die Erdatmosphäre aus dem Schlauch mithilfe einer Saugpumpe, erzeugt man dort also ein Vakuum, dann wird die Flüssigkeit nicht etwa angesaugt, sondern durch die umgebende Erdatmosphäre hochgedrückt. Diese bewirkt bei Wasser eine maximale Steighöhe von etwa 10 m. Nur eine sog. drückende Pumpe kann theoretisch beliebige Höhen überwinden. Das Wasser wird in diesem Fall von unten geschoben, die Förderleistung hat dann nichts mit dem umgebenden Wasserdruck zu tun.
Das Aufsteigen von Flüssigkeit in einem Vakuumrohr ist auch das Funktionsprinzip eines Flüssigkeitsbarometers, mit dem der Umgebungsluftdruck gemessen werden kann. Früher benutzte man oft die schwere Flüssigkeit Quecksilber zur Füllung der Steigrohre. Je nach umgebenden Luftdruck steigt das Quecksilber im Röhrchen höher oder tiefer, der Luftdruck kann als Höhe des Quecksilbers im Rohr über dem Vorratsgefäß gemessen werden.

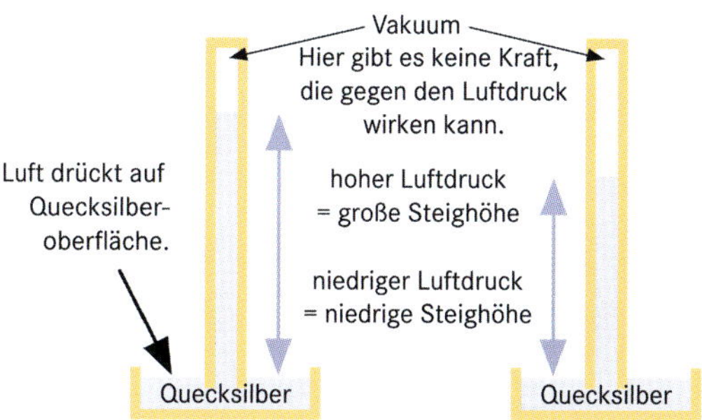

Prinzip eines Flüssigkeitsbarometers: Der Luftdruck drückt die Flüssigkeit im Steigrohr nach oben. Der Durchmesser des Röhrchens bzw. der Quecksilberoberfläche hat dabei keinen Einfluss auf die Steighöhe.

Schwingungen

Bei vielen mechanischen Prozessen wird Energie periodisch, also zeitlich sich wiederholend, von einer Form in eine andere umgewandelt. So wird eine an einer

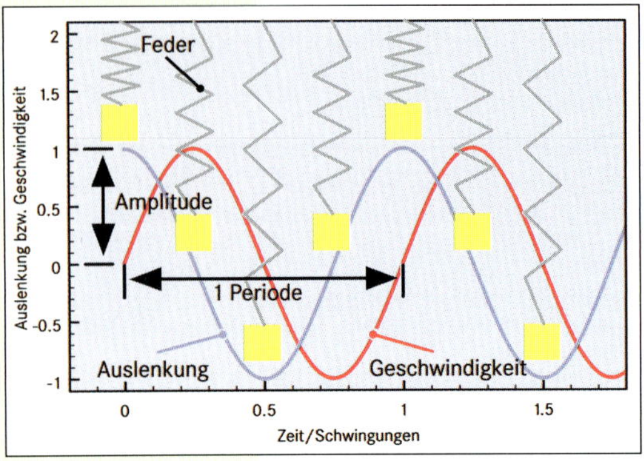

Harmonische Schwingung einer Feder. Kennzeichen einer harmonischen Schwingung ist, dass die Schwingungskurve genau eine Sinuskurve ist. Dies gilt für jede Schwingung, bei der die Rückstellkraft proportional zur Auslenkung ist.

Stahlfeder aufgehängte Masse, wenn sie nach unten gezogen wird, wieder nach oben schnellen, dann aber wieder nach unten schwingen, wieder nach oben usw. Dabei wird Energie fortwährend von potenzieller elastischer Energie der gedehnten oder gestauchten Feder in kinetische bzw. Bewegungsenergie der schwingenden Masse und zurück umgewandelt. Diese einfachste Form der Schwingung zwischen verschiedenen Bewegungszuständen folgt dabei einem einfachen Bewegungsgesetz, das mathematisch durch die Sinusfunktion beschrieben wird (siehe Abbildung). Bei dieser Art von Schwingung ist die Rückstellkraft proportional zur Auslenkung, sie wird »Sinus-« oder »harmonische Schwingung« genannt. Tatsächlich kann man alle periodischen Vorgänge als Überlagerung von (u. U. sehr vielen) harmonischen Schwingungen beschreiben.

Die wichtigsten Größen zur Beschreibung eines Schwingungsvorgangs sind *Frequenz* und *Amplitude*. Die Frequenz gibt an, wie schnell die Schwingung ist, wie viele Schwingungszyklen pro Sekunde ausgeführt werden, ihre Einheit ist wie bei der Drehzahl das Hertz (Hz). Eine Schwingung mit 10 Hz macht zehn Schwingungen in einer Sekunde, bei 1000 Hz sind es entsprechend tausend. Den Kehrwert der Frequenz nennt man Periode, das ist die Zeit, die ein kompletter Zyklus benötigt. Man kann auch sagen, dass die Frequenz die Anzahl der Schwingungsperioden in einer Zeiteinheit (Sekunde) angibt. Bei 10 Hz ist die Periode 1/10 s = 0,1 s, bei 1000 Hz = 1 kHz sind es 0,001 s = 1 ms.

Die Amplitude einer Schwingung gibt die Größe der

maximalen Auslenkung an. Je nach Art der Vorgangs ist ihre Einheit unterschiedlich. Wird eine lineare mechanische Schwingung wie in der Abbildung beschrieben, hat die Amplitude die Einheit einer Länge, beim Pendel einer Wanduhr wird die Amplitude in Winkelgrad angegeben und bei Wechselstrom in Volt.

In der Realität hält keine Schwingungsvorgang ewig an, sondern alle Schwingungen kommen irgendwann zur Ruhe – sie sind »gedämpft«. So wird innerhalb der beschriebenen Feder ein Teil der Energie in Wärme umgewandelt, und auch die Reibung der bewegten Masse an der Luft erzeugt Wärme. Diese Wärme – auch ein Form von Energie – geht der Schwingung verloren, sodass die Amplitude im Laufe der Zeit abnimmt. Die Abklingkurve, also die Abnahme der Amplitude mit der Zeit, hat die charakteristische Gestalt einer sog. Exponentialfunktion (siehe Abbildung).

Bei der gedämpften Schwingung nimmt die Amplitude exponentiell ab.

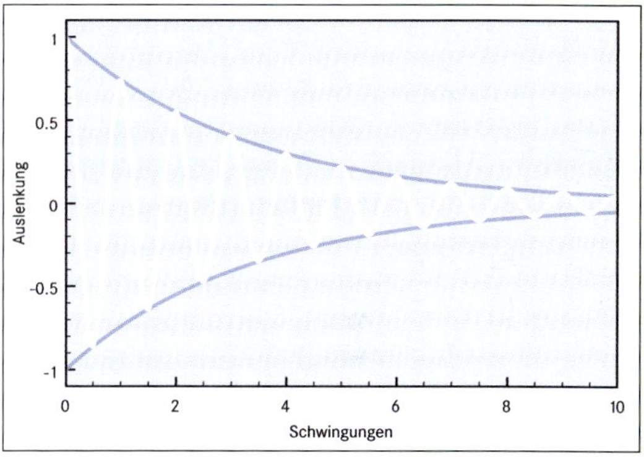

Wie zuvor gesagt, kann man jede Form von Schwingung als Überlagerung von harmonischen Schwingungen einer bestimmten Frequenz darstellen. Genau dies ist es, was ein Physiker meint, wenn er das »Spektrum« einer Schwingung aufnimmt. Er betrachtet eine Schwingung, z. B. die Bewegung einer Klavierseite, als Addition von harmonischen Schwingungen und gibt an, wie hoch die Anteile der verschiedenen Frequenzen in dieser Summe sind. Wird etwa die dem Ton »A« entsprechende Saite eines Klaviers in Schwingung versetzt, dann ist die wichtigste Komponente der Schwingung der Grundton von 440 Hz. Doch es kommen auch Komponenten mit doppelter Frequenz (880 Hz), mit dreifacher (1320 Hz)

Auch Licht ist ein Schwingungsvorgang – elektrische und magnetische Felder schwingen mit Frequenzen von etwa 400 bis knapp 800 Billionen Hertz. Das Spektrum eines Lichtstrahls ist trotzdem einfach zu untersuchen: man muss nur auf den nächsten Regenbogen warten.

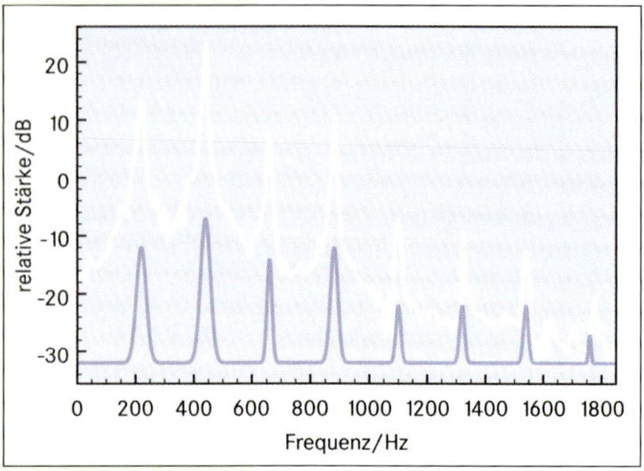

Spektrum des Tons »a« auf dem Klavier des Autors. Neben der Grundfrequenz von 220 Hz sind sieben Obertöne (Harmonische) und einige Störungen zu sehen (weiß). Das blaue Spektrum zeigt ein idealisiertes Spektrum aus Grund- und Obertönen.

usw. vor. Diese sogenannten Obertöne oder »Harmonischen« sind die stärksten, aber nicht die einzigen Schwingungsanteile bei einem realen Klavier, auch andere Frequenzen können vorkommen, wie die Abbildung zeigt.

Resonanz

Neben den *freien Schwingungen*, die einmal angeregt werden und dann langsam zur Ruhe kommen, haben die regelmäßig immer wieder neu angestoßenen Schwingungen große Bedeutung in der Physik. Jeder kennt ein Beispiel für eine (periodisch) *angeregte Schwingung*: Die Kinderschaukel auf dem Spielplatz. Nach einigem Ausprobieren können Kinder den Moment des Schwunggebens sehr gut einschätzen. Immer dann, wenn die Schaukel an ihrem höchsten Punkt ist, wird ein wenig Geschwindigkeit dazugegeben. Die Gesamtenergie des Systems nimmt zu. Wenn das schaukelnde Kind allerdings den richtigen Moment verpasst, dann »schaukelt sich nichts auf«.

Was passiert aus physikalischer Sicht auf der Schaukel? Wir haben es mit dem Zusammenspiel von zwei periodischen Vorgängen zu tun. Der eine Vorgang ist das Pendeln der Schaukel. Dieses Pendeln ist gedämpft, und wenn das Kind keinen weiteren Schwung holt, bleibt die Schaukel recht bald stehen. Der zweite Vorgang ist ein periodisches Anschieben oder Schwungholen, das für ein effektives Aufschaukeln mit der gleichen Frequenz wie das Pendeln stattfinden muss. Man sagt dann, dass Anregung und Schwingung in *Resonanz* sind.

Die Frequenz, mit der die Schaukel frei schwingen würde, wird als *»Eigenfrequenz«* bezeichnet, während die Frequenz der anregenden Schwingung »Anregungsfrequenz« heißt. Wenn die Anregungsschwingung eine harmonische Schwingung ist, dann schwingt (nach dem »Einpendeln«) das System immer mit der Anregungsfrequenz. In der Abbildung ist aufgezeichnet, was passiert, wenn Anregungsfrequenz und Eigenfrequenz sich einander nähern: Es kommt zu einer immer stärkeren Resonanz mit immer weiter wachsender Amplitude, der sog. »Resonanzkatastrophe«. Wenn die Schwingung nicht oder nur schwach gedämpft wird, kann die Auslenkung ein Vielfaches der Anregungsamplitude betragen, obwohl nur wenig Kraft eingesetzt wird.

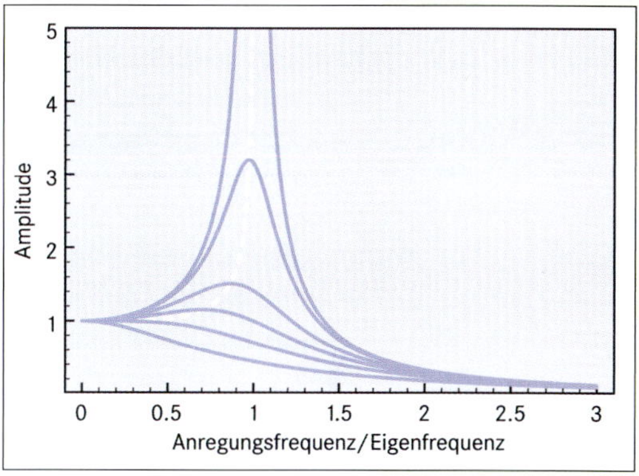

Resonanzkurve einer harmonisch angeregten Schwingung. Je nach Dämpfung der Schwingung fällt die Resonanzschwingung unterschiedlich stark aus, wie die verschiedenen blauen Kurven zeigen. Bei einer idealen ungedämpften Schwingung würde die Amplitude im Resonanzfall über alle Grenzen wachsen – dies ist die sog. Resonanzkatastrophe.

Zu einer Resonanzkatastrophe im Wortsinn kam es am 7. 11. 1940 bei der Tacoma-Narrows-Bridge im US-Staat Washington. Luftwirbel an der Brücke lösten sich mit fast exakt der Eigenfrequenz der Brücke ab, sodass diese in starke Schwingungen geriet, die ihre Struktur schließlich nicht mehr verkraften konnte – sie brach zusammen.

Stoffe und ihre Eigenschaften

Bisher haben wir uns nur mit den Bewegungen von physikalischen Körpern beschäftigt. Doch die Physik (und vermutlich auch Sie) interessieren auch viele andere Aspekte und Eigenschaften der Dinge in unserer Umgebung. Schauen wir uns beispielsweise in Küche, Büro, Werkstatt oder Garten um, dann begegnen uns die verschiedensten Materialien und Stoffe. Dabei treten sie in drei sehr unterschiedlichen Erscheinungsformen auf: fest (Möbel, Steine, Werkzeuge, Eiswürfel), flüssig (Wasser, Alkohol, Honig, Quecksilber) oder gasförmig (Luft, Erdgas, Sauerstoff, Kohlenstoffdioxid). Diese sog. Aggregatzustände und weitere grundlegende und manchmal auch verblüffende Eigenschaften von Stoffen sind Thema dieses Kapitels.

Moleküle

Wir werden in einem späteren Kapitel sehen, dass alle Körper und Materialien aus jeweils gleichartigen kleinsten Einheiten aufgebaut sind: *Atomen, Molekülen* oder Gruppen davon. Für das Verständnis der Aggregatzustände und anderer wichtiger Eigenschaften reicht es aus, sich diese Einheiten als kleine Kügelchen vorzustellen, die wir der Einfachheit halber zunächst immer »Moleküle« nennen wollen (auch wenn es sich nicht immer um Moleküle im chemischen Sinne handelt). Der Unterschied zwischen den drei Aggregatzuständen, die ein Stoff einnehmen kann, liegt nämlich darin, wie frei sich seine Moleküle bewegen können bzw. ob und wie fest sie aneinander gebunden sind. In festen Stoffen *(Festkörpern)* sitzen die Moleküle an mehr oder weniger festen Positionen, die in den meisten Fällen eine regelmäßige räumliche Struktur bilden. Bei *Flüssigkeiten* sind die Kugeln beweglich, schmiegen sich aber eng

Die Moleküle in einer Flüssigkeit sind etwa so angeordnet wie die Bälle in einem »Kugelbad«.

aneinander, etwa wie die Bälle in einem »Kugelbad« im Kinderspielbereich eines Möbelhauses. In *Gasen* bewegen sich die Kugeln frei und stoßen nur manchmal aneinander. Ihr Verhalten ähnelt dem von Kugeln, die in einem Lotto-Ziehungsgerät von Druckluft umhergewirbelt werden.

Jedes einzelne Molekül besitzt natürlich eine Bewegungsenergie, die umso höher ist, je schneller es sich bewegt. Während in einem Festkörper die Moleküle nur um ihren Stammplatz im Kristallgitter herum schwingen können, können sich die Kugeln im Wasser auch über gewissen Strecken verschieben. Im Gas gibt es die größte Bewegungsfreiheit und hier ist auch die Bewegungsenergie am größten.

Temperatur und Molekülbewegung

Wenn Sie in das Inhaltsverzeichnis dieses Buches schauen, wundern Sie sich jetzt vielleicht, denn der Begriff »Temperatur« ist eigentlich erst im nächsten Kapitel an der Reihe. Doch es ist durchaus sinnvoll, jetzt darüber zu reden. Denn die *Temperatur* eines Körpers ist nichts anderes als die mittlere »ungerichtete« Bewegungsenergie seiner Moleküle. »Ungerichtet« bedeutet hier, dass etwaige gemeinsame Bewegungen aller Moleküle, also des gesamten Körpers, außer Acht gelassen werden – nur die Schwingungen im Festkörper und die wahllose Zufallsdrift von Flüssigkeits- und Gasmolekülen tragen zur Temperatur bei und werden von unseren Sinneszellen als »Wärme« oder »Kälte« registriert.

Damit ist klar, was passiert, wenn man einen Feststoff erwärmt: Die Moleküle schwingen immer kräftiger um ihre Position im Kristallgitter, bis die Bindung an die Nachbarn schließlich aufbricht. Die – immer noch dicht an dicht liegenden – Moleküle können sich nun aneinander vorbeibewegen, der Feststoff ist geschmolzen, also flüssig. Je stärker man die Flüssigkeit nun erwärmt, umso schneller bewegen sich auch dort die einzelnen Moleküle, bis sie so schnell sind, dass sie bei Stößen den »Absprung« vom zusammenhängenden Medium der übrigen Moleküle schaffen. Danach können sie frei umherfliegen, wobei sie gelegentlich an andere entkommene Moleküle stoßen. Der Stoff ist verdampft, also gasförmig geworden.

Druck, Temperatur und Volumen

Mit dem Kugelmodell können wir auch eine weitere Eigenschaft von Stoffen verstehen: Stoffe dehnen sich aus, wenn sie wärmer werden. Ganz klar: Wenn sich die Kugeln schneller bewegen, brauchen sie auch mehr Platz. Und wenn man ein sich erwärmendes Gas in einem Behälter gefangen hält, obwohl es sich ausdehnen möchte, dann steigt der Druck auf die Behälterwände. Dieser fundamentale Zusammenhang lässt sich in eine physikalische Formel packen: »Druck ist gleich Temperatur mal Teilchenanzahl pro Volumen«. Diesen Zusammenhang werden wir im nächsten Kapitel noch einmal benötigen, wenn es darum geht, aus Wärme Bewegungsenergie herzustellen, zum Beispiel in einem Verbrennungsmotor.

Für jedes Material bzw. für jede Molekülsorte gilt die obige Formel, doch finden die Übergänge bei jeweils anderen Temperatur- und Druckverhältnissen statt. Die uns umgebende Luft, im Wesentlichen ein Gemisch aus Stickstoff und Sauerstoff, ist bei Normaldruck (1013 hPa) und Zimmertemperatur (20 °C) gasförmig. Wasser wird erst über 100 °C oder aber bei deutlich niedrigerem Druck gasförmig, unter Normalbedingungen ist es flüssig. Das Metall Blei dagegen ist normalerweise fest, doch die Wärme einer Kerzenflamme (300–400 °C) lässt es schmelzen.

In der Druck-Temperatur-Volumen-Beziehung taucht auch die Teilchenanzahl auf. Da allerdings bereits ein Milliliter Wasser rund 33 Trilliarden Moleküle enthält, gibt man meistens nicht die Teilchenzahl pro Volumen, sondern die *Massendichte* an. Diese gibt an, wie viel

Die *Wärmekapazität* eines Stoffes gibt an, wie viel (Wärme-)Energie man ihm zuführen muss, um die Temperatur um einen bestimmten Betrag zu erhöhen. Mit einer Energie von 418 kJ kann man z. B. 1 kg Eisen von 0 °C auf 925 °C erhitzen, einen Liter (d. h. 1 kg) Wasser dagegen nur auf 100 C. Wegen seiner hohen Wärmekapazität dient Wasser z. B. als Wärmespeicher in Passivhäusern oder Wärmflaschen.

Masse in einem bestimmten Volumen eines Stoffes steckt. Wasser hat bei 4 °C die Dichte 999,975 kg/m³ (also etwa ein Kilogramm pro Liter), reines Eisen ist als Feststoff mit 7874 kg/m³ viel dichter, reiner Sauerstoff hat bei Normaldruck und 0 °C nur eine Dichte von 1,429 kg/m³.

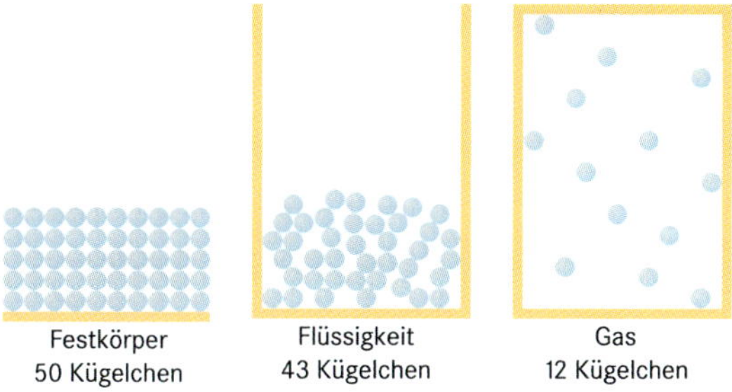

Im Festkörper sind die Moleküle »dicht« gepackt, und Teilchen- und Massendichte sind hier am größten. In Flüssigkeiten ist die Dichte geringer und in Gasen am niedrigsten. Eine wichtige Ausnahme bildet das Wasser (s. u.).

Gase

Physikerinnen und Physiker machen es sich gerne einfach. Darum betrachten sie häufig »ideale« Vorgänge oder Dinge, um die zugrundeliegenden Gesetze zu erkennen, ohne sich von störenden Details ablenken zu lassen. Ein typisches »idealisiertes« Forschungsobjekt ist das »ideale Gas«. Diese Modellvorstellung geht davon aus, dass ein Gas aus Kügelchen besteht, die erstens unendlich klein sind und zweitens eine vollkommen harte Schale haben (dass dies sich eigentlich ein bisschen widerspricht, tut hier nichts zur Sache). Moleküle in realen Gasen haben dagegen durchaus eine gewisse Ausdehnung, ihre Gestalt weicht von der Kugelform ab und sie prallen bei Stößen auch nicht völlig elastisch voneinander ab. Für das grundlegende Verständnis der Eigenschaften eines Gases ist das Modell eines idealen Gases aber sehr hilfreich. Und da Atome und Moleküle wirklich *sehr* klein und *ziemlich* hart sind, ist sie auch gerechtfertigt.

Gase können erwärmt, abgekühlt, zusammengedrückt oder auseinandergezogen werden – auf physikalisch: Temperatur, Druck und Volumen eines Gases können von außen verändert werden. Dabei bestehen zwischen den Größen beobachtbare Zusammenhänge:

- Wird ein Gas erwärmt, so dehnt es sich aus. Verhindert man die Ausdehnung mithilfe eines Behälters, dann steigt der Druck im Behälter an.
- Umgekehrt wird das von einem Gas eingenommene Volumen kleiner bzw. der Druck im Behälter niedriger, wenn das Gas abkühlt.
- Komprimiert man ein Gas, verringert man also sein Volumen zwangsweise (etwa in einer Luftpumpe), dann nehmen Druck und Temperatur des Gases zu.
- Wird ein Gas auseinandergezogen (expandiert), sinken Druck und Temperatur.

Druck ist – wie im vorigen Kapitel »Mechanik« definiert – Kraft pro Fläche. Im Kügelchenmodell des idealen Gases prasseln fortwährend Moleküle auf die Behälterwände und üben Kräfte auf sie aus. Der Druck eines Gases ist damit die Summe der Kräfte, die von den Molekülkügelchen auf eine bestimmte Fläche ausgeübt wird. Diese Fläche muss sich nicht auf den Behälterwänden befinden, sie kann auch irgendeine gedachte Querschnittfläche im Inneren sein – der Druck ist jeweils der gleiche. Es gilt dabei: Je mehr Kugeln in einem Volumen sind (Dichte!) und je schneller sie sich dabei hin- und herbewegen (Temperatur!), desto öfter prallen sie auf die Wand, desto höher ist also der Druck.

In Gasen sind die Moleküle in dauernder Bewegung. Verringert man das Volumen durch äußeren Druck (rechts), dann steigert dieser die mittlere Geschwindigkeit der Moleküle, d. h., das Gas wärmer.

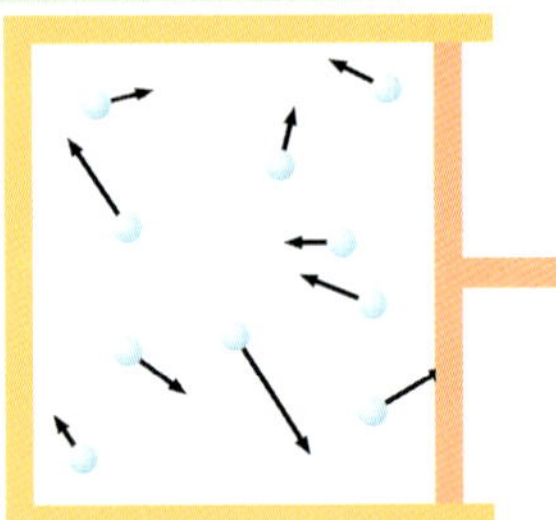
Ausgangszustand

Volumen verkleinert, T steigt

Gasströmungen
Wenn ein Gas um ein Hindernis herumströmen muss, dann kommt es zu einer Reihe von interessanten Phänomenen. Um

diese zu verstehen, nutzen Physiker die Darstellung der Strömung in Stromlinien. Stromlinien beschreiben den Weg, den einzelne Gas-Partikel nehmen. Je enger die Stromlinien verlaufen, desto höher ist die Strömungsgeschwindigkeit. Stromlinien dürfen sich nicht schneiden und auch keinen »Knick« haben.

Wenn also ein Gas auf ein Hindernis trifft, dann müssen die Stromlinien irgendwie um das Hindernis herum geführt werden. Das ist klar, da ja alle Gaspakete um das Hindernis herum kommen müssen. Bei geringen Strömungsgeschwindigkeiten verhalten sich die Feldlinien ganz gesittet: Sie ordnen sich in eng nebeneinander liegenden glatten Kurven an, die Strömung ist *»laminar«*. Doch wehe, wenn die Geschwindigkeit zu

Stromlinien sind nah mit den Feldlinien von elektrischen oder magnetischen Feldern verwandt, die im übernächsten Kapitel behandelt werden. In der Aero- und Hydrodynamik spricht man dementsprechend auch öfters von »Geschwindigkeitsfeldern«, deren Feldlinien gerade die Stromlinien sind.

Warum fliegt ein Flugzeug?

Stromlinien sagen auch etwas über die Druckverhältnisse aus: wenn sie sich krümmen, so besteht ein Druckgefälle oder -gradient quer zu den Stromlinien. Der Querschnitt der Tragfläche eines Flugzeugs ist nun gerade so geformt, dass die oberhalb und unterhalb des Flügels verlaufenden Stromlinien unterschiedliche Druckgradienten erzeugen. Mit der Folge, dass bei hinreichend großer Vorwärtsgeschwindigkeit der Druck oberhalb des Flügels so viel geringer ist als unterhalb, dass die resultierende Kraft ausreicht, das gesamte, weit über 100 Tonnen schwere Flugzeug in wahrsten Sinne des Wortes in die Luft gehen zu lassen!

Der Auftrieb eines Flugzeugs beruht auf einem Unterdruck über den Tragflächen – der vom Unterschied der Stromlinienmuster ober- und unterhalb der Flügel hervorgerufen wird.

hoch oder das Hindernis zu groß ist! Die Stromlinien fangen dann an, wild hin und her zu flattern. Es bilden sich Wirbel im Gas, es wird »turbulent«. Solche *Turbulenzen* werden von Piloten gefürchtet, helfen aber andererseits beim Durchmischen von Gasen und Flüssigkeiten.

Luftwiderstand
Nicht nur auf das trickreich geformte Tragflächenprofil wirkt eine Kraft, sondern auf jedes Hindernis, um das ein Gas strömt. Diese Kraft wird durch die Strömungsgeschwindigkeit des Gases, die Größe des Hindernisses und dessen Form bestimmt. Daher werden Hochgeschwindigkeitszüge oder Drei-Liter-Autos »stromlinienförmig« konstruiert – sie sollen der während der Fahrt anströmenden Luft möglichst wenig Angriffsfläche, also einen geringen Widerstand bieten.

Der Strömungswiderstand bei den in der Realität dominierenden turbulenten Strömungen wächst mit dem Quadrat der Windgeschwindigkeit. Das heißt, dass auf ein Auto mit 100 km/h Geschwindigkeit eine vierfache höhere Bremskraft des Windes wirkt als auf ein Auto mit 50 km/h, entsprechend braucht man für das Aufrechterhalten der Geschwindigkeit die vierfache Leistung und verbraucht die vierfache Treibstoffmenge! Und wer meint, mit Bleifuß Tempo 200 erreichen zu müssen, verheizt sogar das 16-Fache an Sprit! Der Luftwiderstand bestimmt denn auch neben Motorleistung und Gesamtgewicht die Höchstgeschwindigkeit eines Fahrzeugs.

Flüssigkeiten
Flüssigkeiten stehen zwischen Gasen und Festkörpern. Wie in einem Gas sind die Atome oder Moleküle in einer Flüssigkeit nicht an einen bestimmten Ort gebunden, weswegen Flüssigkeiten keine feste Gestalt haben, sondern ohne Behälter »zerfließen«. Andererseits liegen die Atome wie im Festkörper dicht an dicht, so-

dass man sie – genau wie einen Festkörper – (fast) nicht zusammenpressen kann: Flüssigkeiten sind »inkompressibel«. Allerdings dehnt sich eine Flüssigkeit aus, wenn sie erwärmt wird. Beispiele hierfür sind der gefärbte Alkohol in einem Thermometer oder auch die Ozeane der Erde. Deren Ausdehnung aufgrund der globalen Erwärmung leistet nämlich einen erheblichen Beitrag zum weltweiten Meeresspiegelanstieg. Auch in diesem Fall liegt eine Flüssigkeit in der Mitte zwischen Gas und Festkörper: Gase dehnen sich erheblich stärker aus, wenn sie erwärmt werden, Festkörper dagegen meist nur schwach. (Allerdings stellt die Wärmeausdehnung etwa von Eisenbahnschienen durchaus ein ernst zu nehmendes technisches Problem dar.)

Flüssigkeiten ähneln in vielen Eigenschaften den Gasen, weswegen beide auch oft gemeinsam als *»Fluide«* bezeichnet werden. Möchte man jedoch die (ebenfalls bestehenden) Gemeinsamkeiten von flüssigen und festen Stoffen betonen, so spricht man von beiden als *»kondensierte Materie«*.

Auftrieb

Wie kommt es, dass bestimmte Gegenstände auf Flüssigkeiten schwimmen können und warum fühlen sich selbst Nichtschwimmer im Planschbecken leichter? Die Erklärung gilt für Gase (Heißluftballon!) und Flüssigkeiten gleichermaßen, wir beschränken uns jedoch im Folgenden auf Flüssigkeiten. Als »Archimedisches Prinzip« ist bekannt, dass Gegenstände, die in eine Flüssigkeit getaucht werden, eine Auftriebskraft erfahren, die gerade so groß ist wie die Gewichtskraft der verdrängten Flüssigkeit.

Aus dem, was wir über Druck wissen, können wir das Archimedische Prinzip herleiten: In einer Flüssigkeit nimmt der Druck von oben nach unten zu, denn aufgrund der im Vergleich zu Gasen höheren Dichte spielt jetzt die Gewichtskraft eine entscheidende Rolle. Auf einem Flüssigkeitselement lastet nämlich das Gewicht aller darüber liegenden Moleküle, je tiefer es liegt, desto stärker also die Gewichtskraft. Dieser sog. hydrostatische Druck wirkt an einer Stelle grundsätzlich immer in alle Richtungen.

Die Gewichtskraft eines Schiffes und die des von ihm verdrängten Wassers sind immer gleich groß. Ein Schiff mit 5000 Tonnen verdrängt also Wasser mit einer Masse von 5000 Tonnen, d. h. ein Wasservolumen von 5000 m^3. Das entspricht einem Würfel mit 17 m Kantenlänge.

Auf einen vollständig eingetauchten Würfel von $1 \times 1 \times 1\ m^3$, der sich mit seiner oberen Fläche 1 m tief

Wasser – ein ganz besonderer Saft

Wasser ist der einzige Stoff auf der Erde, der in allen drei Aggregatzuständen auftritt: Unterhalb von 0 °C ist es fest (Eis), zwischen 0 °C und 100 °C flüssig, darüber ist es gasförmig (Wasserdampf) – jedenfalls unter Normaldruck. Bei niedrigerem Luftdruck, etwa in den Alpen, siedet Wasser schon bei merklich tieferen Temperaturen. Übergänge zwischen den Aggregatzuständen des Wassers sind für unser Wetter mitverantwortlich. In Wolken haben Druck und Temperatur gerade solche Werte, dass gasförmiges Wasser flüssig wird, also kondensiert. Diese schwebenden Wassertröpfchen reflektieren und streuen das Sonnenlicht, was unsere Augen als Wolken wahrnehmen. Tiefliegende Wolken dagegen nennt man Nebel.

Allein schon die Tatsache, dass Wasser bei normalen Umgebungsbedingungen flüssig ist, ist nicht selbstverständlich. Andere Moleküle, wie der chemisch eng verwandte Schwefelwasserstoff, sind nämlich in diesem Temperatur- und Druckbereich gasförmige Stoffe! Ursache für die absonderlichen und gleichzeitig für das Leben so essenziell wichtigen charakteristischen Eigenschaften des Wasser ist der besondere Aufbau des Wassermoleküls sowie die Verteilung seiner elektrischen Ladungen. Wassermoleküle haben die Form eines Bumerangs, an dessen Enden je ein Wasserstoffatom sitzt, am Knick befindet sich ein Sauerstoffatom. Dabei trägt das Sauerstoffatom eine negative Ladung, die beiden Wasserstoffatome sind elektrisch positiv. Diese innere Ladungsdifferenz (»Polarität«) ist eine der höchsten unter allen bekannten Molekülen. Sie bewirkt eine relativ starke elektrische Anziehung zwischen Wassermolekülen, die sog. Wasserstoffbrücken. Sie halten Eis bis 0 °C stabil, wenn Schwefelwasserstoff längst geschmolzen und verdampft ist. Die von den Wasserstoffbrücken vermittelten Kräfte sorgen dafür, dass Wasser

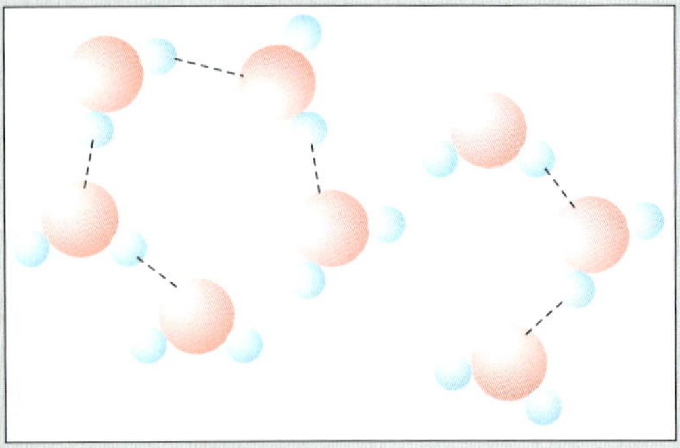

Wasserstoffbrückenbindungen (schwarz gestrichelt) verbinden Eis- und Wassermoleküle und bewirken, dass Wasser von allen leichten Molekülen die höchsten Schmelz- und Siedepunkte hat. Ein Wassermolekül besteht aus zwei Wasserstoffatomen (blau) und einem Sauerstoffatom (rot).

- bei Normalbedingungen flüssig ist,
- bei 4 °C seine größte Dichte hat,
- eine extrem hohe Oberflächenspannung aufweist und
- die höchste Wärmekapazität aller bekannten Flüssigkeiten besitzt.

Der zweite Punkt dieser Aufzählung hat eine besondere Bedeutung, denn er ist u. a. für Fische im Gartenteich im Winter lebenswichtig. Diese »Anomalie des Wassers« hat nämlich zur Konsequenz, dass Wasser mit 4 °C schwerer ist als wärmeres und kälteres Wasser und auch als Eis knapp unter dem Gefrierpunkt. Schichtet man also Wasser unterschiedlicher Temperatur übereinander, dann befindet sich unten immer das Wasser, dessen Temperatur 4 °C am nächsten ist: Ist das Wasser im Teich zwischen 0 °C und 4 °C kalt, dann liegt das kälteste zuoberst! Bei Frost friert der Teich dann von oben zu und die Fische haben eine recht lange Gnadenfrist, bis das Eis den Teichboden erreicht. Übrigens war die Erde vor 600 Millionen Jahren während einer extremen Eiszeit möglicherweise komplett von Eis bedeckt. Damals rettete die Anomalie des Wassers sogar den Fortbestand des Lebens insgesamt!

> Die Anomalie des Wasser sorgt dafür, dass Eisberge auf dem Wasser schwimmen. Eis mit Temperaturen von einigen Grad unter null ist etwa 10 % leichter als Wasser, dementsprechend schwimmt es und verdrängt dabei 90 % seines Volumens an Wasser. Etwa 10 % eines Eisbergs ragen aus dem Wasser heraus – die sprichwörtliche »Spitze des Eisbergs«.

im Wasser befindet, wirken insgesamt folgende Kräfte: Von den vier Seiten greifen paarweise entgegengesetzt gleiche Kräfte an, die sich in ihrer Wirkung jeweils aufheben. Von oben arbeitet der Druck des darüber liegenden Wassers multipliziert mit der Würfelfläche 1 m^2, von unten der Wasserdruck in 2 m Tiefe, wiederum multipliziert mit der Würfelfläche. Auf den Körper wirkt also in der Summe eine Kraft, die sich als Produkt aus der Druckdifferenz zwischen Ober- und Unterseite und der Würfelfläche ergibt. Dies ist aber gerade die Gewichtskraft des verdrängten Wasserwürfels.

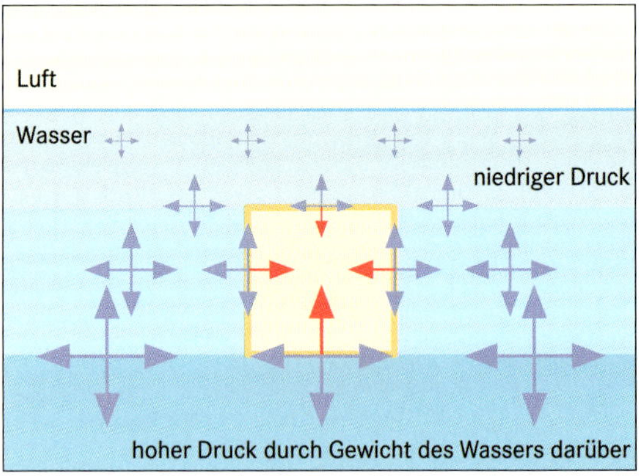

Der Auftrieb eines Würfels ergibt sich aus der Druckdifferenz zwischen Ober- und Unterseite.

Oberflächenspannung

Kleine Insekten wie die Wasserläufer können über Wasser laufen, d. h. Gewässer überqueren, ohne zu schwimmen. Neben ihrem geringen Gewicht kommt ihnen dabei die sog. *Oberflächenspannung* des Wassers zugute. An ihrer Oberfläche weist eine Flüssigkeit gewisse Besonderheiten auf. Dort haben die Moleküle nicht mehr rundherum Nachbarn, sondern nur unten und seitlich. Dadurch verschiebt sich das Gleichgewicht der ringsum angreifenden Bindungskräfte mit dem Resultat, dass sich die seitlichen Nachbarn besonders stark anziehen. Drückt ein Wasserläufer nun einige Moleküle unterhalb seines Fußes nach unten, dann wirkt diese zusätzliche Anziehungskraft zwischen den Molekülen wie ein elastisches Fangnetz und verhindert, dass die Moleküle unter dem Auflagepunkt weiter nach unten gedrückt werden.

Flüssige Strömungen
Bewegen sich Flüssigkeiten, dann verhalten sie sich ganz ähnlich wie strömende Gase. Allerdings sind Flüssigkeiten nicht »kompressibel«, d. h., sie können (fast) nicht zusammengedrückt werden (s. o.). Auf Druck reagieren sie nicht mit einer Volumenänderung, sondern indem sie entweder ausweichen oder aber entsprechend Gegendruck ausüben. Diesen Effekt nutzen hydraulische Hebebühnen: Da das Öl in den hydraulischen Leitungen nicht ausweichen kann, gibt es den von der Pumpe ausgeübten Druck nach oben weiter und stemmt so die schwersten Lasten.

Eine weitere Folge der Inkompressibilität des Wassers ist der »Venturi-Effekt«. An einer Engstelle in einer Wasserleitung steigt die Fließgeschwindigkeit im selben Maße, wie sich der Querschnitt verengt. Dabei verringert sich der Druck in der schnell durchströmten Engstelle. Wer schon einmal eine Sandburg mit Wassergraben gebaut hat, kenn das Phänomen: Ein kleiner Durchbruch des Wassergrabens erzeugt einen reißenden Wasserstrom, der leicht die Burg zerfressen kann – auch wenn die Flüssigkeit im breiten Graben selbst nur langsam strömt. Auch mit dem Gartenschlauch kann man hier gut experimentieren: je enger die Düse, desto schneller schießt das Wasser heraus und desto weiter lässt sich spritzen.

Festkörper
In einem Festkörper hat jedes Atom (nur wenige Festkörper sind chemisch gesehen aus Molekülen aufgebaut) seinen Platz, den es nur in Ausnahmefällen verlässt. Es kann lediglich Schwingungen um seine Ruhelage ausführen, was zu den weiter unten diskutierten Gitterschwindungen und Schallwellen führt. Sind die Atompositionen räumlich regelmäßig angeordnet, dann spricht man von einem *kristallinen Festkörper* oder *Kristall*, sind sie ungeordnet, dann heißt der Festkörper *»amorph«*, also »ohne Form«. Typische Beispiele für

Die Oberfläche einer Solarzelle in Großaufnahme als Beispiel für einen polykristallinen Festkörper. Jede gleichartig reflektierende Oberfläche hat ein einheitlich ausgerichtetes Silicium-Kristallgitter. Siliciumkristalle sind auch der Grundstoff für die Herstellung elektronischer Schaltkreise für Computer und Industrieroboter.

Kristalle sind Edelsteine oder gediegene Metalle, aber auch Salzkörner und Hagelzucker. In der Realität findet man meistens »polykristalline« Stoffe, die aus vielen, manchmal mikroskopisch kleinen Bereichen mit jeweils einheitlicher Kristallstruktur bestehen. Ein klassisches Beispiel dafür ist das Gestein Granit, in dem die funkelnden Quarz- und Glimmerkörnchen mit bloßen Auge gut zu erkennen sind. Das bekannteste und technisch wichtigste amorphe Material ist Glas.

Stabilität

Herausragendes Merkmal von Festkörpern ist, dass sie – fest sind. Sie benötigen keinen Behälter, um ihre äußere Form zu bewahren, denn die anziehenden Kräfte zwischen den Atome sind stark genug, um sie immer wieder in die Ausgangsposition zurück zu bewegen, auch wenn sie diese durch innere oder äußere Anregung kurzzeitig verlassen haben. Nur durch rohe Gewalt, oder physikalisch ausgedrückt, starke äußere Kräfte kann ein Festkörper aufgebrochen werden.

Nehmen wir als Beispiel einen Stahldraht. Um einen 1 mm^2 dicken und 1 m langen Stahldraht nur 1 mm in die Länge zu ziehen, ist eine Kraft von 200 Newton (N) notwendig. Die Gewichtskraft dieses Drahtstücks beträgt dagegen nur 0,08 N. Und selbst wenn der Draht aus weichem Kunststoff bestünde, bräuchte man noch etwa 1–5 N, um ihn 1 mm länger zu ziehen (wegen der geringeren Dichte betrüge die Gewichtskraft dann nur noch 0,02 N). Natürlich gibt es auch Grenzen der Belastbarkeit. Der Stahldraht aus dem Beispiel würde bei einer Zugkraft von 370 Newton zerreißen. Diese Kraft entspräche dann aber auch der Gewichtskraft eines zehnjährigen Kindes.

Dichte Stoffe

Wir haben bereits angesprochen, dass Festkörper höhere Dichten besitzen als Gase (0,1–2 kg/m^3) und meist auch als Flüssigkeiten (700–2000 kg/m^3). Bei festen Körpern variiert die Dichte allerdings auch in einem recht großen Bereich. Materialien wie Schaumstoffe (12–300 kg/m^3) und trockenes Holz (200–800 kg/m^3), die viele Lufteinschlüsse enthalten, liegen noch unter der Dichte von Wasser und schwimmen daher. Erde, Beton und Gesteine weisen Werte um 2000–4000 kg/m^3 auf. Metalle und Legierungen wie Zink, Eisen oder Messing haben Dichten um 7000–9000, das schwerere Blei bringt es auf 11340 kg/m^3 und Gold, Platin und Osmium auf 19 320 kg/m^3, 21450 kg/m^3 und 22 610 kg/m^3. Im Zentrum der Sonne erreicht die Dichte aufgrund des enormen Drucks Werte über 100 000 kg/m^3, und in exotischen Objekten wie Neutronensternen herrscht bei 10^{17} kg/m^3 dieselbe unvorstellbare Enge wie in einem Atomkern!

Gold hat von allen chemischen Elementen die fünfthöchste Dichte.

Reibung

Bei Flüssigkeiten und Gasen haben wir die Reibungskraft bisher nicht berücksichtigt (sie spielt nur bei sehr zähen Flüssigkeiten wie Honig eine größere Rolle). Legt man jedoch einen Festkörper auf einen anderen und zieht daran, dann wird nur ein Teil der aufgewandten Energie tatsächlich in eine Beschleunigung des Körpers umgewandelt, der Rest arbeitet gegen die Reibung. Diese ist so allgegenwärtig, dass man kaum mehr darüber nachdenkt: Um einen Gegenstand oder

Die Reibung hat durchaus auch ihre guten Seiten: Ohne sie fänden Räder auf der Straße keinen Halt, ja sogar das Laufen wäre nicht möglich, da die Schuhe bei jedem Schritt wegrutschen würden - entsprechend unbeliebt ist Glatteis mit seiner geringen Haft- und Gleitreibung bei allen, die es eilig haben.

ein Fahrzeug in Bewegung zu halten, muss ich Kraft einsetzen, gebremst wird »von allein«.

Man kann sich die *Reibung* wieder mit unserem Kugelmodell der Stoffe erklären: Liegen zwei Kugelpackungen (also Festkörper) aufeinander und werden sie durch die Schwerkraft aufeinander gedrückt, dann verkeilen sich die Kügelchen (Atome). Erst, wenn man einmal kräftig angezogen hat, überwindet der oben liegende Körper die *Haftreibung* und setzt sich in Bewegung. Ist er erst einmal ins Rutschen gekommen, dann rasten die Oberflächen mit ihren herausragenden Atomkügelchen nicht mehr ganz ein, sondern ruckeln aneinander vorbei. Daher ist die dann wirkende *Gleitreibung* schwächer als die Haftreibung. Noch geringer fällt die sog. *Rollreibung* zwischen einem abrollenden Körper und dem Untergrund aus - deswegen hat sich das Rad als Basistechnologie so weitgehend durchgesetzt (mit Ausnahme des Wintersports).

Manche Stoffe werden gezielt auf eine möglichst geringe Reibung hin optimiert. Ein klassisches Beispiel ist Teflon®, oder - offiziell - PTFE (Polytetrafluorethylen). Hier sind Haft- und Gleitreibung gleich groß bzw. klein, sodass ein PTFE-Gleitlager ein Anfahren ganz ohne Rucken ermöglichen kann und Pfannen und Backformen wenig Halt für Fett- und Teigkrusten bieten.

Wärmetransport in Festkörpern

Erwärmt man einen Festkörper an einem Ende, dann wird nach einiger Zeit der gesamte Festkörper warm werden. Es findet also ein Transport der Wärme durch Wärmeleitung statt. Dieser geschieht durch Stöße zwischen schwingenden Atomen und Molekülen eines Körpers, deren ungerichtete Bewegungsenergie ja dessen Wärme ausmacht. Und bei Stößen wird, wie wir im Mechanik-Kapitel gelernt haben, immer auch Energie ausgetauscht.

Die besten bekannten Wärmeleiter sind keine Metalle, sondern bestimmte Formen des Kohlenstoffs: Diamant leitet Wärme sechsmal besser als reines Kupfer, und Kohlenstoffnanoröhrchen übertreffen sogar Diamanten noch um mehr als das Dreifache!

Je nach Eigenart des Festkörpers erfolgt die Wärmeleitung schneller oder langsamer: Ein Glasbläser kann eine gewisse Zeit lang ein Glasrohr an den Mund setzen, dessen anderes Ende glüht, in einem Metall dagegen breitet sich Wärme fast augenblicklich aus. Besonders gute Wärmeleiter sind Silber und Kupfer, durch die Wärme gut 700-mal so gut geleitet wird wie durch Wasser und 15 000-mal besser als durch Luft. Deshalb werden in hochwertigen Kochtöpfen Kupferlagen in den Topfboden eingelassen – so verteilt sich die Wärme der darunterliegenden Kochplatte gleichmäßig über den Boden und es gibt keine überwarmen Stellen, wo etwas anbrennen könnte.

Warum können Metalle oder elektrisch leitfähige Kohlenstoffmodifikationen Wärme so gut transportieren? Weil ein Teil ihrer Elektronen sich frei durch das Kristallgitter bewegen kann. Während nämlich in elektrischen Nichtleitern Wärme nur über gekoppelte Schwingungen der vergleichsweise unbeweglichen »Kugeln« des Gitters übertragen wird, bewegen sich freie Elektronen in elektrischen Leitern sehr schnell und können darum etwaige Temperaturunterschiede entsprechend rasch ausgleichen. Aus dieser Überlegung folgt sofort, dass Stoffe und Materialien, welche den elektrischen Strom gut leiten, in der Regel auch gute Wärmeleiter sind.

Die Wärmeleitung im amorphen Festkörper Glas geschieht so langsam, dass der Glasbläser die Enden des Werkstücks mit bloßen Händen halten kann, während es in der Mitte bis zur Weißglut erhitzt wird.

Wellen

Im Mechanik-Kapitel haben wir uns ausführlich mit Schwingungen beschäftigt, insbesondere auch mit erzwungenen bzw. von außen angeregten Schwingungsvorgängen. Was aber passiert, wenn ein »Schwinger« einen anderen anregt, dieser wieder einen weiteren und immer so weiter? (»La Ola«, die Stadionwelle der Fußballfans, entsteht z. B. auf diese Weise!) Es läuft eine »Welle« durch das sog. schwingfähige Medium. Dieses können beispielsweise Elektronen, Moleküle, Getreidehalme, Menschen oder Nervenzellen sein. Die bekanntesten Arten von Wellen sind Licht (dem ein eigenes Kapitel in diesem Buch gewidmet

Eine Welle transportiert Impuls und Energie, aber keine Materie!

ist), Dünung und Brandung der Meere (Oberflächenwellen im Wasser, s. u.) und Schallwellen. Letztere wollen wir hier zunächst näher untersuchen, da sie sehr eng mit den bisher behandelten Eigenschaften fester, flüssiger und gasförmiger Stoffe verbunden sind.

Druckwellen

In jeder Art von Substanz können sich Druckwellen ausbreiten. Betrachten wir zunächst einmal, was passiert, wenn ein Festkörper – zum Beispiel eine Eisenbahnschiene – an einem Ende mit einem Hammer angeschlagen wird. An der Trefferfläche werden die Atome der ersten Schicht zum anderen Ende der Schiene hin beschleunigt. Sie stoßen aber fast sofort auf die Atome der zweiten Schicht, prallen von ihnen zurück und setzen sie dabei in Bewegung. Diese geben dann Impuls und Energie an die dritte Schicht weiter, jene an die vierte usw. Wie »La Ola« durch das Stadion wandert eine *Druckwelle* durch die Schiene, und dies mit großer Geschwindigkeit. Die Ausbreitungsgeschwindigkeit von Druck-Schallwellen in Eisen beträgt 5170 m/s, in Wasser sind es rund 1480 m/s. Auch in Luft gibt es Druckwellen, wir können sie mit unseren Ohren als Töne oder Geräusche direkt sinnlich wahrnehmen. Allerdings ist die Schallgeschwindigkeit in Luft mit rund 330 m/s deutlich langsamer als in festen oder flüssigen Medien. Außer von Aggregatzustand und Dichte des Ausbreitungsmediums hängt die Geschwindigkeit von Druckwellen auch von den Temperatur- und Druckverhältnissen ab.

Scherwellen

Schallwellen in Luft und Wasser, bzw. allgemein in Gasen und Flüssigkeiten, sind immer Druckwellen. Bei ihnen schwingen die Atome oder Moleküle in Ausbreitungsrichtung der Welle. Die Atome und Moleküle eines festen Stoffes können hingegen auch quer zur

Ausbreitungsrichtung schwingen, man spricht dann von *Scherwellen*. (Wenn Sie genau aufgepasst haben, ist Ihnen aufgefallen, dass »La Ola« eine Scher- und keine Druckwelle ist. Schunkelnde Karnevalisten dagegen stellen eine Druckwelle dar.)

Die Geschwindigkeiten von Scherwellen sind in Festkörpern ähnlich groß wie die von Druckwellen, aber nicht gleich. Diesen Unterschied nutzt man in der Geophysik zur Untersuchung des inneren Aufbaus der Erde. Ein Erdbeben lässt eine große Zahl von unterschiedlichen Wellen durch den Erdkörper laufen. Nach einer oder mehreren Reflexionen an Überganszonen tief im Erdinneren treffen sie an der Erdoberfläche ein und lassen sich mit Seismometern nachweisen. Aus den unterschiedlichen Laufzeiten der Signale können Geophysiker – sofern sie die Stoffeigenschaften der verschiedenen Materialien des Erdinneren kennen – den inneren Aufbau der Erde rekonstruieren. So hat man ermittelt, dass sich unter der festen Kruste, auf der wir leben, zunächst sehr zähes und darunter dünnflüssiges Magma befindet. Der Mittelpunkt der Erde liegt dagegen im festen inneren Erdkern, welcher überwiegend aus Eisen besteht.

Schwerewellen

Eine dritte Art von Wellen sind *Schwerewellen*, die in Gasen und Flüssigkeiten bzw. an der Grenze zwischen ihnen auftreten können. Das klassische Beispiel hierfür sind die *Oberflächenwellen* auf Ozeanen, Binnengewässern und Badewannen. Sie entstehen, wenn der Wind (oder ein anderer Auslöser) Wasser gegen die Schwerkraft anhäuft und dieses dann wieder auseinanderläuft. Die Bewegung pflanzt sich als Welle fort, bis sie durch innere Reibung abgebremst wird oder als Brandung an Ufer oder Küste auftrifft. Wie bei allen Wellen wird hier nur Energie transportiert, kein Wasser. Die einzelnen Wassermoleküle an der Wasseroberfläche führen vielmehr kreisförmige Bewegungen aus.

Die Schallmauer

Auch wenn die Schallgeschwindigkeit in Luft niedriger ist als in Flüssigkeiten und Festkörpern, ist sie mit rund 330 m/s ≈ 1200 km/h doch so hoch, dass selbst Verkehrsflugzeuge dieses Tempo nicht erreichen. Düsenjäger, startende bzw. landende Raumfahrzeuge und Spezialanfertigungen können dagegen durchaus schneller als der Schall fliegen – und das hat beachtliche Konsequenzen.

Einen einfachen Überschallknall kann man mit einer Peitsche produzieren. Das Ende der Peitsche wird durch die Wellenbewegung der Schnur so stark beschleunigt, dass für einen kurzen Moment die Spitze Überschallgeschwindigkeit erreicht. Daher kann die winzige Peitschenspitze eine so lauten Knall hervorrufen.

Ist der Schall schneller als das Flugzeug, so trifft der Lärm (d. h. seine Schallwellen) ein, bevor es an einem Beobachter (bzw. Zuhörer) Z vorbeifliegt. Wenn das Flugzeug nun immer schneller wird, rücken die Schallwellen auf der Vorderseite des Flugzeuges immer stärker zusammen. Die Luft wird verdichtet und der Druck steigt erheblich an, bis er zur *Schallmauer* wird, einer Stoßfront, an der sich die physikalischen Eigenschaften der Luft schlagartig ändern.

Ist das Flugzeug schneller als der Schall, dann erreicht es Z, *bevor* dieser ein Geräusch wahrgenommen hat. Die von ihm ausgesandten Schallwellen bleiben alle innerhalb eines Kegels, an dessen Spitze das Flugzeug liegt. Dieser heißt auch »Mach-Kegel«. Ein Beobachter hört den vorbeigeflogenen Düsenjäger also erst dann, wenn der »hinterherhinkende« Mach-Kegel über ihn

Im Unterschallflug bleibt ein Flugzeug immer hinter seinen Schallwellen zurück (links). Wenn es Schallgeschwindigkeit erreicht, stauen sich diese vor ihm zu einer Stoßfront – der Schallmauer – auf. Bei Überschallflug ist das Flugzeug schneller als die Druckwelle. Es bildet sich eine kegelförmige Stoßfront. Dieser Überschallkegel ist umso spitzer, je schneller das Flugzeug fliegt.

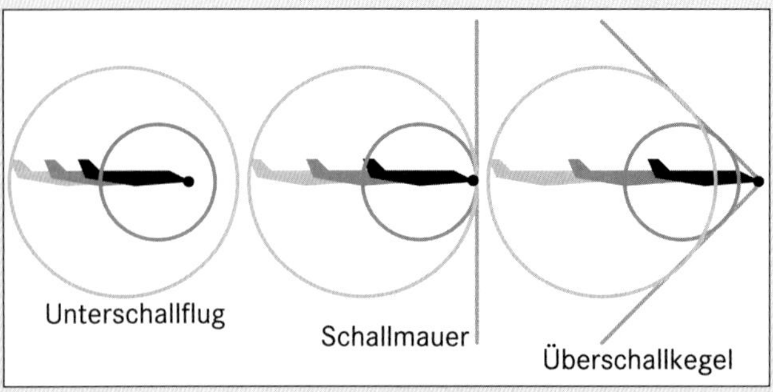

streicht. Der Schalldruck ist an der Stoßfront, welche die Außenfläche dieses Kegels bildet, sehr hoch! Daher lösen Überschallflüge über bewohntem Gebiet regelmäßig Proteste aus und werden nur noch selten durchgeführt.

Das Verhältnis der Geschwindigkeit eines Gegenstands zur Schallgeschwindigkeit am Ort dieses Gegenstands wird als *Mach-Zahl* bezeichnet. Unterschall-Verkehrsflugzeuge erreichen Werte um Mach 0,85, was je nach Temperatur und Flughöhe unterschiedliche Geschwindigkeiten bedeutet. Je höher die Mach-Zahl im Überschallflug ist, desto spitzer ist der Mach-Kegel. Bei Mach 2 hat er einen Öffnungswinkel von 60°, bei Mach 3 sind es nur noch 39°.

Auch für das Licht gibt es einen »Überschall-Effekt«. Zwar kann sich – wie wir später sehen werden – kein Objekt schneller als das Licht im Vakuum ausbreiten. Bewegen sich Teilchen aber nicht durch Vakuum, sondern etwa durch Luft, Wasser oder Glas, ist folgende interessante Situation möglich: Besonders kleine Partikel (»Elementarteilchen«) können fast genauso schnell wie das Licht im Vakuum sein. Wenn das Licht nun in einem Medium wie Wasser selbst deutlich langsamer vorankommt als im Vakuum, dann können diese Teilchen unter Umständen in solch einem Medium schneller sein als das Licht. Sind sie dazu noch elektrisch geladen, dann entsteht ein ganz typisches Leuchten, die sog. *Tscherenkow-Strahlung*. Das Kühlwasser von frisch abgeschalteten Kernreaktoren zum Beispiel zeigt ein solches tiefblaues Leuchten, da noch viele ultraschnelle Teilchen aus dem Kern des Reaktors austreten.

Das Tscherenkow-Licht wird von Teilchen- und Astroteilchenphysikern übrigens ganz gezielt eingesetzt, um sonst nur schwer zu beobachtende exotische Partikel, wie sie in der kosmischen Strahlung auftreten, nachzuweisen. Auch hier lässt sich aus dem Öffnungswinkel des »Tscherenkow-Kegels« auf die Geschwindigkeit der Partikel schließen.

Wärme und Maschinen

In diesem Kapitel beschäftigen wir uns mit der Wärmeenergie und den Möglichkeiten, sie sich zunutze zu machen. Sie werden merken, dass diese Energieform zwar jedem aus dem Alltag vertraut ist. Aber thermische Prozesse, wie sie im Verbrennungsmotor oder in Ihrem Kühlschrank ablaufen, sind physikalisch gesehen durchaus anspruchsvolle Themen.

Celsius oder Kelvin?

Temperaturen werden auf verschiedenen Skalen gemessen: Im Alltag verwendet man meist »Grad Celsius«, °C, in Wissenschaft und Technik dagegen wird die sog. absolute Temperaturskala mit der Einheit Kelvin, K (ohne »Grad«!), benutzt.
Der Zusammenhang ist recht einfach: 0 °C ist der Gefrierpunkt von Wasser, bei 100 °C siedet es. 1 °C ist also einfach 1/100 der Temperaturdifferenz zwischen Siede- und Gefrierpunkt von Wasser. Diese Festlegung ist praktisch, aber für einen echten Physiker leider nicht fundamental genug. Denn es gibt einen ganz universellen Nullpunkt der Temperatur: Wärme ist ja die mittlere ungerichtete Bewegungsenergie der Atome oder Moleküle eines Körpers. Und da ein Atom sich nicht weniger als gar nicht bewegen kann, ist der natürliche oder absolute Temperaturnullpunkt die Temperatur, bei der die ungerichteten Bewegungen der kleinsten Teilchen zur Ruhe kommen. Diese Temperatur ist 0 K, auf der Celsius-Skala entspricht sie dem Wert −273,15 °C. Eis schmilzt demnach bei 273,15 K, Raumtemperatur sind handliche 293 K.

Formen der Energie

Energie kann in vielen verschiedenen Formen vorkommen, von denen wir bisher v. a. die Bewegungsenergie kennengelernt haben. Umwandlungen zwischen diesen Formen sind möglich, ja allgegenwärtig. Unmöglich ist es dagegen, Energie zu erzeugen oder zu vernichten. Dieser sog. Energieerhaltungssatz oder kurz Energiesatz ist sogar so etwas wie das Grundgesetz der gesamten Physik. Ist daher vom Energieverbrauch die Rede, meint man nicht die – unmögliche – Vernichtung von Energie, sondern die Umwandlung von *höherwertigen*, gut nutzbaren Energieformen in *niederwertige*, schlecht zu verwertende. Die geringwertigste Energieform ist Wärme, die ja wie gesagt die ungerichtete Bewegungsenergie von Molekülen in Stoffen ist. Und diese völlig unsystematische Bewegungsenergie lässt sich ihnen nur schwer wieder entziehen, d. h. in gerichtete Bewegung umwandeln. Die Wertigkeit der Energie wird mit dem Maß *Entropie* gemessen. Je ungeordneter ein System und je niederwertiger seine Energie ist, desto höher ist die Entropie. Überlässt man ein System sich selbst – z. B. ein Kinderzimmer – dann nimmt die Unordnung und damit die Entropie zu oder bleibt gleich, wird aber ohne äußere Einwirkung nicht weniger. Diese Tatsache, dass Entropie bzw. Unordnung von selbst nicht zurückgehen, ist neben dem Energiesatz der zweite sog. *Hauptsatz der Wärmelehre*.

Der Zwang zum Entropiezuwachs sorgt dafür, dass die Temperaturen zweier unterschiedlich warmer Körper sich angleichen, wenn sie in Kontakt kommen; oder anders ausgedrückt: Wärme fließt ohne äußere Eingriffe solange von Warm nach Kalt, bis eine Temperaturdifferenz ausgeglichen ist.

Immer wieder anders: Energieumwandlung

Betrachten wir nun einige Prozesse, bei denen Energie – Wärme, Bewegung, chemische oder elektrische Energie usw. – umgewandelt wird, im Detail:

• *Auf einem Gasherd wird Wasser zum Kochen gebracht, um ein Ei zu kochen.* Zunächst einmal wird bei der Verbrennung in einer chemischen Reaktion chemische Bindungsenergie des Propan-Butan-Gasgemischs in Wärme und ein wenig Licht überführt. Zurück bleiben energieärmere Gase, hauptsächlich Kohlenstoffdioxid und Wasserdampf. Die Wärme wird durch Wärmestrahlung, Wärmeleitung und heiße Luftströmungen an den Topf abgegeben, der sich dadurch erwärmt. Dieser wiederum erwärmt das Wasser und dieses das Ei. Im Inneren des Eies findet nun eine weitere chemische Reaktion statt, die allerdings Energie »verbraucht«: Das flüssige, ungeordnete Eiklar wird in die geordnetere Struktur von geronnenem Eiweiß überführt. Die Energie wird benötigt, um den geordneteren Zustand niedrigerer Entropie herzustellen.

• *Eine Glaskanne fällt von einem Regal auf den Boden und zerspringt.* Während des Fluges wird die potenzielle oder Lageenergie, die sie auf dem hohen

Regal hatte, in Bewegungsenergie der fallenden Kanne umgesetzt. Auch die Luft erhält Bewegungsenergie in Form von Wirbeln und anderen Luftströmungen, durch Reibung erwärmen sich zudem Luft und Kanne minimal. Beim Aufprall auf den Boden zerspringt die Kanne. Hierbei geht der größte Teil der Bewegungsenergie zunächst für einen winzigen Moment in Verformungsenergie der Kanne über – dies aber nur so lange, wie die Verformung schwächer ist als die chemische Bindung der Kannenatome und -moleküle. Danach zerspringt die Kanne, und die kurzfristig in der Verformung gespeicherte Energie wird in Bewegungsenergie der Scherben und Wärme umgesetzt. Zum Ende des Vorgangs liegen die Scherben weit verstreut auf dem Boden. Die ursprüngliche Lageenergie der Kanne führte zur Erwärmung von Luft, Scherben und Boden.

Eine herunterfallende Teekanne erwärmt Luft? Ja! Durch die Reibung der Kanne an den Luftmolekülen werden diese beschleunigt und sowohl Luft als auch Kanne (minimal) erwärmt. Bei Raumschiffen wie diesem Spaceshuttle dagegen hat dieser Effekt erhebliche Auswirkungen. Mit einem aufwendigen Hitzeschutzschild werden sie davor geschützt, durch die Luftreibung beim Wiedereintritt in die Atmosphäre in Brand zu geraten und zu explodieren.

Der Traum vom Perpetuum Mobile

Ein Perpetuum Mobile (lateinisch »immer Bewegliches«) ist eine Maschine, die ohne äußere Energiezufuhr unendlich lange in Bewegung bleiben oder gar Energie freisetzen kann. Eine andere Variante soll ohne Energiezufuhr Wärme gegen das Temperaturgefälle vom kälteren zum wärmeren Ort bringen. Viele Jahrhunderte lang versuchten mehr oder weniger begabte Erfinder solch ein Gerät zu konstruieren, denn es leuchtet sofort ein, welchen Nutzen (und wie viel Geld!) man aus einem Perpetuum Mobile ziehen könnte. Die Physik weiß aber, dass das ein Ding der Unmöglichkeit ist: Die Energie kann in einem abgeschlossenen System nicht zunehmen und die Entropie nur abnehmen. Darum muss eine Maschine Energie verbrauchen, um gegen die Reibung anzukommen oder um Wärme von Kalt nach Warm fließen zu lassen.

Es gab und gibt allerdings eine Reihe von verblüffenden Apparaturen, die *scheinbar* ewig mobil sind – durch verschiedenste Tricks wird die zusätzliche Energiezufuhr (oder Entropieabfuhr) versteckt. Ein Beispiel sind besonders reibungsarm gelagerte Rotationsapparate, die ein Temperaturgefälle ausnutzen, oder es werden verborgene Magnetfelder eingesetzt. Manchmal sind sich die Erfinder auch selbst gar nicht bewusst, dass sie kein Perpetuum Mobile erfunden haben.

Übrigens könnte man unser Sonnensystem als »Quasi-Perpetuum-Mobile« bezeichnen. Einmal – beim Prozess der Sternentstehung – angestoßen, kreisen die Planeten seit fast fünf Milliarden Jahren und werden es auch noch etwa so lange weitertun. Zehn Milliarden Jahre sind eine sehr lange Zeit, aber unendlich lang ist auch das nicht.

Ein sehr hübsches scheinbares Perpetuum Mobile ist der »Trinkvogel«, ein Spielzeug, bei dem ein Vogelmodell periodisch in ein Wasserglas kippt, dort seinen Schnabel hineinhält und sich wieder aufrichtet. Es beruht auf der Verdunstungskälte des Wassers. Sobald man dafür sorgt, dass das Wasser nicht mehr aus dem Glas heraus verdunsten kann, indem man eine Glocke über den Vogel stülpt, hört die Bewegung auf.

Eine Besucherin betrachtet ein Exponat einer Ausstellung mit Werken des pensionierten Uhrmachers Ludwig Schuch, der sich auf die Konstruktion von »Quasi-Perpetuum-Mobiles« spezialisiert hat.

Kreisprozesse

Schon die alten Griechen hatten Maschinen konstruiert, mit denen sie z. B. Wärme oder Wasserkraft zur Verrichtung mechanischer Arbeiten nutzten. Doch erst die Erfindung der Dampfmaschine leitete im 18. Jahrhundert die Entwicklung unserer heutigen industrialisierten, von Maschinen aller Art geprägten und auch abhängigen Gesellschaft ein. Diese Entwicklung wäre nicht möglich gewesen ohne die Fortschritte in der physikalischen Wärmelehre, der »Thermodynamik«, und insbesondere der Theorie der sog. Kreisprozesse.

In einem *thermodynamischen Kreisprozess* wird, allgemein formuliert, in einem thermodynamischen System (»einer Maschine«) die niederwertige Energieform Wärme periodisch von einem Reservoir in ein anderes überführt, wobei ein Teil dieser Energie in höherwertige Bewegungsenergie umgesetzt wird. Damit die Hauptsätze der Wärmelehre nicht verletzt werden, muss dabei die Entropie des Gesamtsystems zunehmen: Der Gewinn an »Ordnung«, der in der gerichteten Bewegung eines Krans, Bohrers oder Roboterarms steckt, muss durch ein Mehr an Unordnung in warmen Abgasen oder anderen entropiereichen Abfallprodukten kompensiert werden.

Doch kommen wir zu einem konkreten Beispiel, ja in gewisser Weise dem Kreisprozess schlechthin: dem Viertakt-Benzinmotor. (Wir gehen der Einfachheit halber von einem Einzylinderaggregat aus.) Jeder Takt entspricht dabei einem Kolbenhub nach oben oder unten.

• *Ansaugen:* Im ersten Takt (1) fährt der Kolben vom oberen Totpunkt herunter. Dabei wird Treibstoff-Luft-Gemisch durch das Einlassventil angesaugt, das Volumen wächst, der Druck bleibt in etwa gleich.

• *Komprimieren:* Im zweiten Takt (2) fährt der Kolben nach oben, das Gemisch wird komprimiert, und zwar so schnell, dass kein Wärmeaustausch mit der Zylinderwand erfolgen kann. Bei abnehmendem Volumen steigen Druck und Temperatur.

• *Arbeiten:* Am Punkt 3 wird das Benzin-Luft-Gemisch gezündet, die Wucht der Explosion beschleunigt den Kolben stark nach unten (3 → 4) und leistet damit mechanische Arbeit am Kolben, erhöht also dessen Bewegungsenergie. Während der Expansion nimmt das Volumen wieder zu, der Druck sinkt.

• *Ausleiten:* Ist der Kolben wieder am unteren Totpunkt (4), öffnet das Auslassventil, sodass bei der anschließenden Kolbenbewegung zum oberen Totpunkt die Verbrennungsprodukte zum Auspuff abgeleitet werden. Dort angekommen, beginnt der Zyklus bei (1) mit dem Einlass der nächsten Treibstoffportion von Neuem.

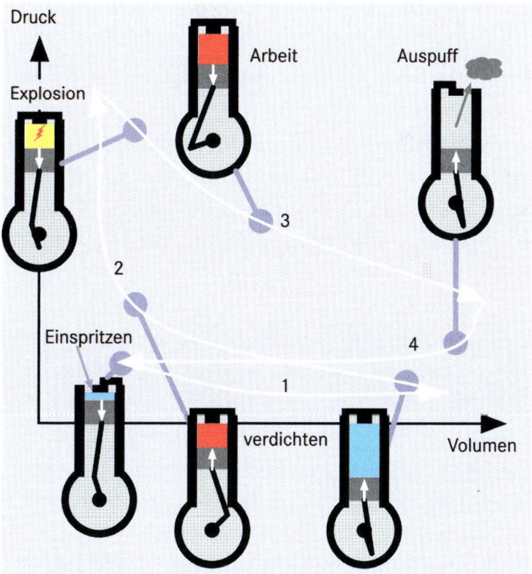

Arbeitsphasen eines Viertaktmotors. Trägt man Druck und Volumen in einem Koordinatensystem auf, ergibt sich eine geschlossene Kurve.

Insgesamt wird beim Kreisprozess des Viertaktmotors die Verbrennungswärme des Benzins zum einen Teil in Bewegungsenergie des Kolbens bzw. des Autos umgewandelt, zum anderen ungenutzt mit dem Abgas an die Umgebung abgegeben. Auch ohne Verluste durch Reibung und andere Faktoren kann nie die gesamte eingesetzte Wärmeenergie in Arbeit umgewandelt werden. Für den *Wirkungsgrad* einer Wärmekraftmaschine, wie der Viertaktmotor eine ist, gilt nämlich folgende Ungleichung:

$$\text{Wirkungsgrad} = \frac{\text{zugeführte Wärmeenergie}}{\text{verrichtete Arbeit}} \leq 1 - \frac{T_{min}}{T_{max}}.$$

Der Wirkungsgrad der Maschine ist also immer kleiner als 1 bzw. 100 %. Er kommt diesem Wert umso näher, je mehr sich die maximale und die minimale Temperatur im Prozess, T_{max} und T_{min}, voneinander unterscheiden bzw. je kleiner das Verhältnis aus beiden ist. Einen guten Wirkungsgrad erreicht man demnach v. a. mit einer hohen Maximaltemperatur (bei einem Verbrennungsmotor etwa 1500-2000 °C), da die »kalte« Temperatur ja in der Regel die Umgebungstemperatur von rund 293 K ist.

Ein anderes Beispiel: Die Stromerzeugung in thermischen Kraftwerken läuft immer nach dem gleichen Schema ab, ganz egal, welche Wärmequelle eingesetzt wird. Betrachten wir den Kreisprozess im Elektrizitätswerk:

• Die Wärmequelle (WQ, 1) ist entweder ein mit Kohle, Öl oder Gas befeuerter Brennofen, ein nuklearer Reaktor oder auch hochfokussiertes Sonnenlicht. Im Dampfkessel wird Wasser erhitzt und zum Verdampfen gebracht.

• Dieser Wasserdampf steht unter hohem Druck (2). Er wird über Rohrleitungssysteme zu einer Turbine gebracht (3), die er in Rotation versetzt.

• Dabei kühlt der Dampf ab und sein Druck sinkt ebenfalls (4).

• Die vom Dampf auf die Turbinenachse übertragene Energie wird in einem elektrischen Generator (5) in Elektrizität, d. h. hochwertige elektrische Energie umwandelt.

• Nun wird der energiearme Wasserdampf im Kondensator (6) wieder in kaltes, flüssiges Wasser zurückverwandelt. Der Kondensator ist ein großer Wärmetauscher, an dem kaltes Wasser aus einem natürlichen Gewässer in vielen kleinen Rohren durch einen großen, mit dem Dampf aus dem Heizkreislauf gefüllten Raum geleitet wird.

• An den kalten Rohren des Wärmetauschers schlägt sich der Dampf nieder und regnet als Wasser ab. Dieses Wasser wird wieder dem Dampfkessel zugeführt, wo der Prozess von vorne beginnt.

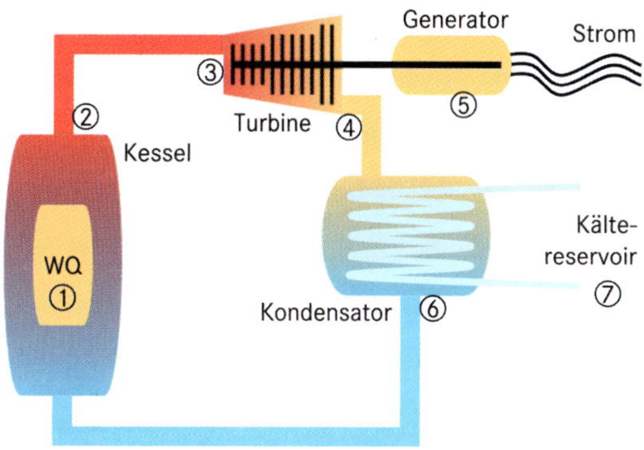

Prinzip eines Kraftwerks zur Stromerzeugung. Die Temperaturdifferenz zwischen Wärmequelle und Kältereservoir bestimmt den Wirkungsgrad der Energieumwandlung.

Wie oben besprochen, ist auch hier der Wirkungsgrad eines Kraftwerks umso höher, je größer der Unterschied zwischen kalter (6) und heißer (2) Seite des Prozesses ist. Wegen der zweifachen Energieumwandlung (Wärme–Rotation–Elektrizität) erreichen aber auch moderne Gaskraftwerke nur Wirkungsgrade von unter 50 %. Günstiger wird es, wenn die Abwärme zu Heizzwecken oder als industrielle Prozesswärme verwertet wird (»Kraft-Wärme-Kopplung«).

Kühlschrank und Wärmepumpe

Der zweite Hauptsatz der Wärmelehre sagt u. a., dass Wärme von selbst immer von Warm nach Kalt fließt. Greift man aber von außen ein, dann lässt sich unter Einsatz von Energie auch einem kalten Raum noch Wärme entziehen, um ihn noch kälter zu machen. Dies ist die Umkehrung der bisher behandelten Kreisprozesse, in denen Wärme von einem warmen in ein kälteres Reservoir transportiert wurde und dabei mechanische Energie frei wurde. Wo gibt es solche Apparate, die Wärme gegen den Strom transportieren? In Ihrer Küche – im häuslichen Kühlschrank!

Beim Kreisprozess einer *Kältemaschine*, also eines verallgemeinerten Kühlschranks, wird im ersten Schritt ein Kühlmittel mechanisch komprimiert. Es erwärmt sich dadurch über Raumtemperatur und gibt diese Überschusswärme über die warmen Metallrippen an der Rückseite des Kühlschranks an die Raumluft ab, bleibt aber zunächst komprimiert. Hat es wieder Raumtemperatur, lässt man es expandieren, bis es wieder Umgebungsdruck hat, wobei es sich so weit abkühlt, dass es kälter als das Kühlschrankinnere wird. Über einen Wärmetauscher im Kühlschrank kann der Kühlraum nun Wärme an das Kühlmittel abgeben (von selbst, denn hier fließt die Wärme ja zur kälteren Komponente!). Das Kühlmittel verlässt den Kühlraum mit Kühlschrankinnentemperatur und gelangt dann wieder in den Kompressor, wo der Kreisprozess von Neuem beginnt.

Übrigens lässt sich dieser Prozess auch als Heizung nutzen: Dazu muss man nur den Kühlschrank »auf Links drehen«, d. h. Innen- und Außenraum vertauschen. »Kühlraum« ist nun die Außenwelt, die Rückwand des Kühlschranks wird zum Inneren des Wohnhauses. Dann kühlt das expandierte Kühlmittel die Umgebungsluft (oder das Erdreich unter dem Haus), um dann im komprimierten Zustand die Innenräume zu erwärmen. Eine gute *Wärmepumpe* (so heißt dieses System auch) erzielt pro Kilowatt elektrische Leistungsaufnahme durch den Kompressor vier Kilowatt Heizleistung.

Damit sind Wärmepumpen gemeinsam mit Sonnenkollektoren die effizientesten Heizungssysteme für Wohnhäuser. Besonders effektiv laufen sie, wenn als Wärmereservoir eine Sonde tief im Erdboden versenkt wird. Dort ist die Temperatur besonders im Winter deutlich wärmer als die Umgebungsluft.

Eine andere Methode, Wärme vom kalten zum warmen Reservoir zu transportieren, sind die elektrischen »Peltier-Elemente« (französisch ausgesprochen »Pelltjee«, nicht »Pell-Tier«). In einem Peltier-Element sind viele Halbleiter-Schaltelemente hintereinandergeschaltet. Durch eine

Eine Wärmepumpe kühlt Außenluft oder Erdreich und nutzt die dort entzogene Wärme zur Raumheizung oder Warmwasserbereitung.

trickreiche Zickzack-Geometrie und unter Ausnutzung spezieller thermoelektrischer Effekte gelingt es mit dieser Schaltung, Wärme unabhängig vom äußeren Temperaturgefälle von einer Seite des Elements auf die andere Seite zu transportieren. Dabei können Temperaturunterschiede von beinahe 70 °C erreicht werden.

Gebräuchlich sind Peltier-Elemente als Kühlaggregat für kleine, tragbare Campingkühlboxen. Anders als bei den Kompressor-Kühlschränken ist kein aufwendiges Pumpensystem notwendig, allerdings ist der Wirkungsgrad der Peltier-Elemente geringer als der von Kompressorgeräten.

Elektrizität und Magnetismus

Elektrische und magnetische Effekte sind weniger allgegenwärtig als die Auswirkungen der alle Körper des Universums beeinflussenden Schwerkraft – doch kennt natürlich trotzdem jeder Kompass, Steckdose und Mobiltelefon. Von den Magnetsteinen im Altertum über die ersten systematischen Versuche der Physiker des frühen 19. Jahrhunderts bis zum umfassenden Verständnis von heute war es ein weiter Weg. An seinem Ende steht eine Theorie, welche alle elektrischen, magnetischen und optischen Phänomene erklärt und in ihrer Quantenversion die genaueste und bestüberprüfte Theorie der gesamten Physik ist.

Feld und Ladung

So wie das elektrische Feld von elektrischen Ladungen erzeugt wird, werden Erdanziehung und Schwerkraft von der Masse der beteiligten Körper (z. B. der Erde) hervorgerufen. In diesem Sinne ist die Masse der »Ladung« der Gravitation.

Im zweiten Kapitel haben wir – ohne es direkt anzusprechen – schon mit einem sog. Feld zu tun gehabt, dem Schwere- oder Gravitationsfeld. Ein *Feld* ist zunächst einfach eine Methode, um die Wirkungen von bestimmten Kräften mathematisch elegant zu beschreiben und mithilfe von »Feldlinien« bildlich darzustellen. Die Orientierung dieser Linien zeigt, in welche Richtung an einem bestimmten Ort die zugehörige Kraft wirkt, ihre Dichte gibt die Stärke der Kraftwirkung an. Neben dem Gravitationsfeld, das Schwerkraft und Erdanziehung beschreibt, ist das elektrische (bzw. elektromagnetische, dazu später mehr) Feld das wichtigste in der ganzen Physik. Mit ihm lässt sich die elektrische Anziehung oder Abstoßung zwischen geladenen Körpern darstellen. Ursache des elektrischen Feldes sind *elektrische Ladungen*, die man an »elektrisierten« Oberflächen oder auch schlecht isolierten Leitungsdrähten direkt spüren kann.

Beim Reiben verschiedener Materialien aneinander stellten Physiker zu Beginn des 19. Jahrhunderts fest, dass es zwei Arten von elektrischen Ladungen geben muss, die sie als *»positiv«* und *»negativ«* bezeichneten: Elektrisierte Stoffe, welche die gleiche Ladungsart trugen, stießen sich ab, während Stoffe mit unterschiedlichen Ladungen sich anzogen. Nach heutigem Verständnis lässt sich die Elektrisierung durch Reibung so deuten: Die Atome der aneinander geriebenen Körper bestehen aus einer Hülle aus elektrisch negativen *Elektronen* und einem positiv geladenen Atomkern. Durch die Reibung werden aus den Atomhüllen Elektronen entfernt, die sich auf einem der Körper ansammeln. Auf dem anderen bleiben dann positiv geladene Atomrümpfe zurück und er wird insgesamt elektrisch positiv geladen.

Wie sehen Feldlinien aus?
Schließen wir in Gedanken zwei parallele Metallplatten an die beiden Pole einer Batterie und betrachten das elektrische Feld, das sich zwischen ihnen aufbaut. Welches Muster bilden die Feldlinien aus? Da die Platten parallel sind und sich gleichmäßig aufladen, verlaufen die Feldlinien zwischen ihnen parallel zueinander und in gleichen Abständen. Im Kraft-Bild heißt dies, dass ein geladener Probekörper überall zwischen den Platten dieselbe Kraft erfährt. Ist der Probekörper positiv, etwa der Kern eines Wasserstoffatoms, so erfährt er eine Kraft in Feldrichtung, d. h. zur negativen Platte hin. Die Feldlinien um einen elektrisch negativ geladenen Stab sehen anders aus. Sie laufen vom Stab aus gerade auseinander. Das bedeutet, dass das elektrische Feld nahe am Stab wesentlich stärker ist als weiter vom Stab entfernt.

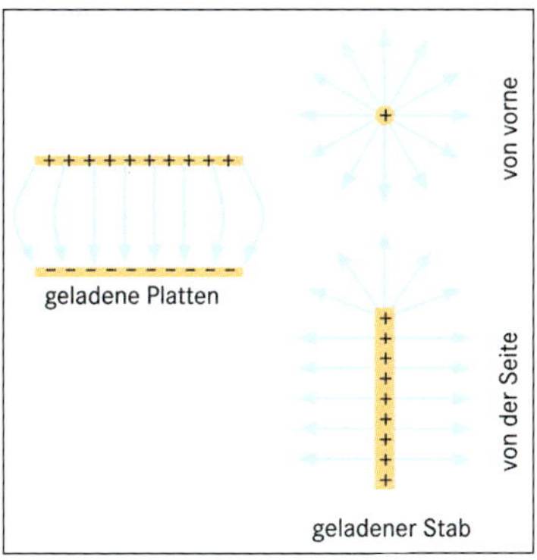

Zwischen zwei geladenen Platten (links) ist das elektrische Feld homogen. Bei einem geladenen Stab ist das Feld nahe am Stab besonders stark, am stärksten an der Spitze.

Die Elementarladung

Lädt man einen Kondensator auf, so scheint es, dass dessen elektrische Ladung jeden beliebigen Wert annehmen kann. Auch wenn Strom durch eine Glühlampe fließt, so scheint dies ähnlich dem Fließen von Wasser ein kontinuierlicher Vorgang zu sein. Mit einem recht einfachen Versuch kann man jedoch zeigen, dass es eine Elementarladung gibt – eine kleinstmögliche Ladungsmenge, die nicht weiter »zerlegt« werden kann. Dieser Versuch gelang als erstem Robert Andrews Millikan (1868–1953) im Jahr 1910, 1923 bekam er dafür den Nobelpreis.

In diesem Experiment werden kleine Öltröpfchen mit einer Düse in eine abgeschlossene Kammer geblasen. Deren Ober- und Unterseite sind elektrisch so aufgeladen, dass zwischen ihnen ein elektrisches Feld bzw. eine elektrische Spannung negative Ladungen nach oben beschleunigt. Weiterhin wirken auf die Tröpfchen die nach unten gerichtete Schwerkraft sowie Auftriebs- und Reibungskräfte. Unter dem Einfluss

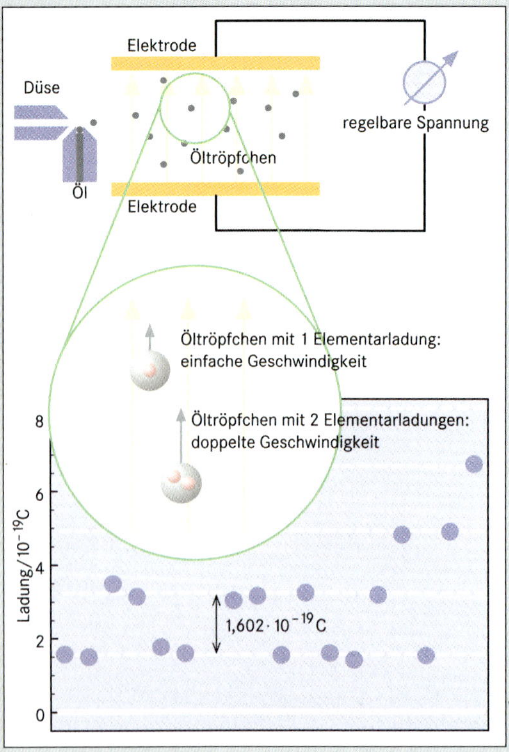

Prinzip des Millikan-Experiments: Beim Ablösen aus der Düse werden die Öltröpfchen zufällig aufgeladen. Je nachdem, wie viele Elementarladungen sie abbekommen haben, bewegen sie sich im elektrischen Feld schneller oder langsamer aufwärts. Bei bekannter Spannung kann man aus den Messdaten die verschiedenen Ladungswerte berechnen – die Differenz ist immer genau eine »Elementarladung«.

all dieser Kräfte und Felder steigen die Tröpfchen mit unterschiedlicher Geschwindigkeit auf – doch alle gemessenen Geschwindigkeiten sind Vielfache einer Mindestgeschwindigkeit! Diese hängt im Wesentlichen nur von der elektrischen Ladung der Tröpfchen ab, welche offenbar immer aus ganzzahligen Vielfachen eines Minimalwerts besteht. Man nennt diesen Wert die *Elementarladung*. Heute weiß man, dass sie die Ladung genau eines Elektrons ist. Es handelt sich bei dieser Größe um eine unvorstellbar winzige Ladungsmenge: $1{,}602\,176\,487 \times 10^{-19}$ C. Würde ein Akku im Ladegerät nur eine Sekunde lang mit einem Strom von 1 Milliampere aufgeladen, hätte er rund 6,2 Billiarden (6 200 000 000 000 000) Elementarladungen erhalten.

Auf den zweiten Blick überraschend ist übrigens, dass die positive Elementarladung, die beispielsweise das Proton, ein Bestandteil des Atomkerns, mit sich trägt, exakt genauso groß ist wie die Ladung des Elektrons, nur mit umgekehrtem Vorzeichen. Proton und Elektron sind nämlich grundverschiedene Objekte: Während das Elektron ein wirklich elementares Partikel ist, dass nicht aus anderen Teilchen zusammengesetzt ist, besteht das Proton, wie wir später sehen werden, aus drei sog. Quarks, die jeweils exakt $-1/3$ bzw. $+2/3$ der Ladung des Elektron besitzen. Darüber hinaus hat das Proton eine rund 1800-mal größere Masse als das Elektron und eine gut messbare Ausdehnung von etwa 10^{-15} m, während es für die Größe eines Elektrons nur Obergrenzen gibt, möglicherweise ist es auch punktförmig.

Wenn Proton und Elektron sich vom Betrag ihrer Ladung her auch nur minimal unterscheiden würden, wären Objekte der realen Welt, die ja aus Billiarden von Billionen von einzelnen Atomen bestehen, nicht elektrisch neutral und würden sich stark anziehen oder abstoßen. Die Welt, wie wir sie kennen, würde nicht funktionieren. Umgekehrt folgt daraus, dass die Welt so ist, wie sie ist, dass die Beträge von positiver und negativer Elementarladung unvorstellbar exakt gleich sein müssen.

In der Regel wird Ladung in Form von Elektronen transportiert, also vom Minus- zum Pluspol, es gibt aber auch andere Ladungsträger. So fungieren bei den elektrochemischen Vorgängen, die in Batterien oder Brennstoffzellen ablaufen, sog. Ionen als Ladungsträger, welche sowohl positiv aus auch negativ geladen sein können.

Strom, Spannung, Widerstand

Materialien, durch welche elektrische Ladungen transportiert werden können, nennt man (elektrische) *Leiter*, Stoffe, bei denen dies nicht möglich ist, *Nichtleiter* oder *Isolatoren*.

Verbindet man zwei Gebiete oder Objekte, die eine unterschiedliche elektrische Ladung aufweisen, durch elektrische Leiter miteinander, dann nennt man dies einen »*Stromkreis*«. In der Regel enthält ein Stromkreis auch noch einen sog. Verbraucher: eine Maschine, Lampe oder sonstige Gerätschaft, die bei Stromfluss arbeitet, leuchtet etc. Zwei Metalldrähte, welche die Pole einer Batterie mit einer Glühbirne verbinden, sind ein beliebtes einfaches Beispiel für so einen Stromkreis.

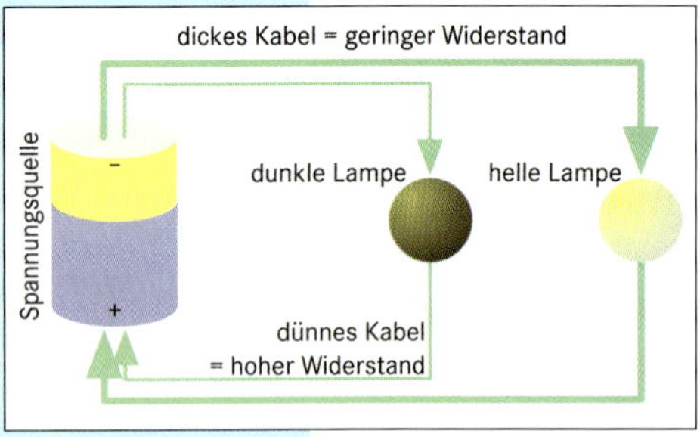

Ein einfacher Stromkreis. Hier sind zwei Glühlampen an eine Batterie parallel angeschlossen. Der dickere Draht (außen) hat einen kleinen Widerstand, hier können die Ladungen leichter vom Minus- zum Pluspol gelangen. Daher fließt durch die rechte Lampe ein größerer Strom und es wird mehr elektrische Energie in Licht und Wärme umgewandelt.

Elektrische Stromkreise lassen sich recht gut mit Systemen aus Wasserleitungen veranschaulichen. Haben zwei Punkte im Kreis eine unterschiedliche elektrische Energie (s. u.), herrscht zwischen ihnen also eine *elektrische Spannung* (Größenzeichen: U, physikalische Einheit: Volt, V), so entspricht dies einer Druckdifferenz in der Wasserleitung. Wenn sich elektrische Ladungen bewegen, fließt ein elektrischer Strom (physikalische Einheit der Stromstärke I ist das Ampere, A). Der Stromstärke entspricht im Wasserbild die Fließgeschwindigkeit. Und so wie der Rohrdurchmesser einer Wasserleitung die Geschwindigkeit des Wassers begrenzt, reguliert der elektrische Widerstand R (Einheit: Ohm, Ω) die elektrische Stromstärke.

Elektrische Energie und Leistung

Im Mechanik-Kapitel haben wir die potenzielle Lageenergie kennengelernt: je höher wir eine Treppe oder

Das ohmsche Gesetz
Spannung, Widerstand und Stromstärke im elektrischen Stromkreis (im Wasserbild: Druckdifferenz, Rohrdurchmesser und Fließgeschwindigkeit) sind bei vielen Leitertypen eng miteinander verknüpft. Die Stromstärke I ist umso größer, je stärker die Spannung U ist und je kleiner der Widerstand R ist. Mathematisch ausgedrückt lautet dieses Ohmsche Gesetz (nach Georg Simon Ohm, 1789–1854): $I = U/R$ bzw. $U = R \times I$.

einen Berg hinaufsteigen, desto mehr Energie gewinnen wir (und können sie beim Absteigen in Bewegungsenergie umwandeln). Die Bezeichnung »Lageenergie« bezog sich dabei immer auf die Lage im Schwerefeld der Erde. Tatsächlich ist mit jedem Feld eine eigene Lageenergie verbunden, insbesondere auch mit dem elektrischen. Wird eine positive elektrische Ladung gegen die Feldrichtung verschoben, so gewinnt sie *potenzielle elektrische Energie*, lässt man sie dem Feld folgen, wird elektrische in Bewegungsenergie umgewandelt (bei negativen Ladungen ist es umgekehrt).

Zu jeder Energieform gibt es eine entsprechende physikalische Leistung nach der Formel »Leistung = Energie pro Zeit«. Die *elektrische Leistung* P_{el}, die beim Ladungstransport in einem Stromkreis abfällt, kann man mit einer einfachen Formel berechnen, nämlich »Leistung gleich Spannung mal Strom«:

$$P_{el} = U \times I.$$

Für die Einheiten gilt entsprechend die Gleichung

$$\text{Watt} = \text{Volt} \times \text{Ampere}.$$

Diese Formel besagt u. a., dass bei gegebener Leistung die Stromstärke mit zunehmender Spannungen immer kleiner wird. Da hohe Stromstärken aber große Wärmeverluste in der Leitung bedeuten, wählt man für den Transport von elektrischer Energie hohe Spannungen – darum sind Überlandleitungen immer Hochspannungsleitungen.

Ein Beispiel aus dem Haushalt: Durch eine 11-W-Energiesparlampe fließt bei der üblichen Netzspannung von 230 V ein Strom von 230 V/11 W = 0,048 A = 48 mA. Bei einer Taschenlampe mit klassischer 6-W-Glühbirne sind es bei einer Spannung von 2,4 V (zwei aufladbare Babyzellen à 1,2 V) dagegen 2,4 V/6 W = 0,4 A, also etwa das 8-Fache.

Magnetismus

Wer einen Magnetkompass in die Nähe einer Stromleitung stellt, wird feststellen, dass die Kompassnadel abgelenkt wird. Um diese zunächst überraschende Verbindung von Magnetismus und elektrischem Strom zu verstehen, müssen wir die magnetischen Vorgänge auf atomarer Ebene untersuchen.

»Magnetische« Materialien waren schon im Altertum bekannt, und zwar in Form von eisen-, cobalt- oder nickelhaltigen Erzen bzw. Metallen. Diese können sich unter bestimmten Bedingungen anziehen. Schlägt man z. B. mit einem Hammer auf ein Eisenstück und führt dieses Eisenstück anschließend an Eisennägel, dann werden die Nägel zu dem Eisenstück gezogen. Physiker nennen die Form des Magnetismus, die bei den mit dem Eisen verwandten Metallen auftritt, »Ferromagnetismus« (von lateinisch ferrum »Eisen«). Ferromagneten können dauerhaft magnetisiert werden, man nennt sie dann auch Permanentmagnete.

Eine Kompassnadel ist beispielsweise ein kleiner Ferromagnet. Im Kompass ist sie drehbar gelagert und richtet sich nach den Feldlinien des Erdmagnetfelds aus. Dass sie in der Nähe eines stromdurchflossenen Drahtes abgelenkt wird, bedeutet, dass dort offensichtlich neben dem Erdmagnetfeld ein weiteres Magnetfeld besteht. Schaltet man den Strom aus, verschwindet der Effekt. Mit der Idee, dass die fließenden Ladungen im elektrischen Leiter ein eigenes Magnetfeld erzeugen, sind wir also auf der richtigen Fährte. Tatsächlich sind Elektrizität und Magnetismus nur zwei Ausprägungen desselben Phänomens, des »Elektromagnetismus«, denn alle Magnetfelder beruhen auf bewegten Ladungen und alle bewegten Ladungen rufen Magnetfelder hervor.

Das Wort »Magnet« geht auf den Namen der kleinasiatischen Stadt »Magnesia« zurück, in deren Umgebung in der Antike besonders viele Steine mit magnetischen Erzen gefunden wurden.

In einem vereinfachten, aber hilfreichen Bild lässt sich der Zusammenhang zwischen Strom und Magnetfeld so verstehen: Wir haben bereits gesehen, dass die Hülle eines Atoms Elektronen enthält. Stellen wir uns die Bewegung eines Hüllenelektrons als Kreisbahn vor, dann entspricht dies einem (fast unvorstellbar kleinen) Kreisstrom. Dieser erzeugt wie alle Ströme ein Magnetfeld und bildet damit einen sog. Elementarmagneten (in der Sprache der modernen Physik: einen Spin). Weisen alle oder hinreichend viele Spins eines Körpers dauerhaft in dieselbe Richtung, dann besitzt er ein makroskopisch messbares Magnetfeld. Dies ist bei Ferromagneten der Fall. Damit wird auch klar, warum Ferromagnete (oder Computerfestplatten!) nicht zu sehr erwärmt werden dürfen: Durch die Wärmebewegung der Eisenatome wird die ferromagnetische Ordnung zunehmend gestört, bis die Magnetisierung ganz verloren geht.

Die Gleichungen des James Clerk Maxwell

Der schottische Physiker James Clerk Maxwell (1831–1879) vollendete 100 Jahre intensiver Erforschung von Elektrizität und Magnetismus, als er 1864 seine vier berühmten »Maxwell-Gleichungen« veröffentlichte. Mit ihnen kann man nicht nur alle elektrischen und magnetischen Erscheinungen berechnen, sondern ebenso die der Optik sowie die Größe der Lichtgeschwindigkeit! Und nicht genug, die Gleichungen bereiteten auch den Weg zur Relativitätstheorie (Kapitel 9). Diese erklärt den Zusammenhang von Elektrizität und Magnetismus wie folgt: Bewegt sich ein Elektron durch ein elektrisches Feld, so wird das Feld »relativistisch« deformiert, und diese Deformierung sorgt gerade für eine Feldstruktur, welche ein unbewegter Beobachter als Magnetfeld wahrnimmt. Dieses unanschauliche, aber mit Einsteins Hilfe exakt zu berechnende Phänomen ist die eigentliche Ursache dafür, dass jeder Strom ein Magnetfeld erzeugt.

James Clerk Maxwell im Jahr 1882

Magnetfelder besitzen immer geschlossene Feldlinien. Dies ist gleichbedeutend mit der Aussage, dass es keine magnetischen Einzelladungen gibt. Auch bei einem noch so kleinen Magnetfeld, das durch einen atomaren Kreisstrom erzeugt wird, liegt immer ein Feld mit mindestens zwei Polen vor, einem Nord- und einem Südpol. Dass die Feldlinien des Erdmagnetfelds am Nord- und Südpol zu verschwinden scheinen, liegt nur daran, dass wir sie im Erdinneren nicht weiter verfolgen können, wo sie sich tatsächlich schließen (s. u.). Die einfachste Form eines Magnetfelds ist jedoch das eines geraden, stromdurchflossenen Leiters. In diesem Fall bilden die Feldlinien konzentrische Kreise um den Leiter.

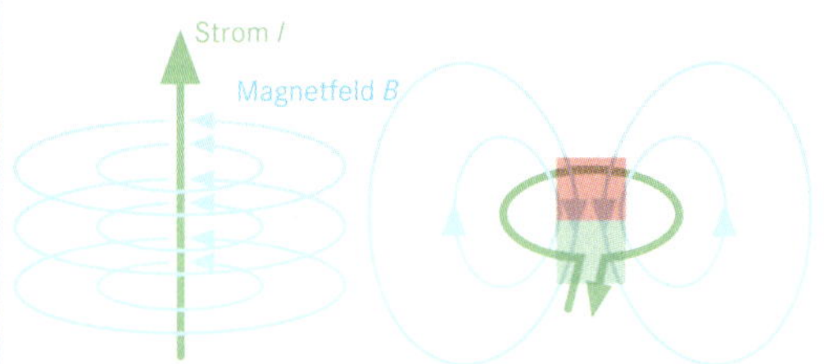

Links: Um einen stromdurchflossenen Leiter bildet sich ein zylindrisches Magnetfeld (Größenzeichen: *B*) aus. Im Inneren eines Kreisstroms ist das Magnetfeld annähernd linear (rechts). Das Feld eines Stabmagneten sieht im Prinzip genauso aus wie das in einer Leiterschlaufe.

Magnetfelder haben noch eine weitere wichtige Eigenschaft. Elektrische Ladungen werden immer in Richtung des elektrischen Feldes (oder entgegengesetzt dazu) beschleunigt, ein magnetischer Nordpol entlang der magnetischen Feldlinien in Richtung auf einen magnetischen Südpol. Was aber passiert mit einer elektrischen Ladung in einem Magnetfeld? Sie wird *senkrecht* zu den magnetischen Feldlinien und *senkrecht* zu ihrer bisherigen Flugrichtung abgelenkt. Diese Ablenkung wird in Teilchenbeschleunigern, Kathodenstrahlmonitoren und Elektronenmikroskopen genutzt, um Elektronenstrahlen zu bündeln und abzulenken.

Das Magnetfeld der Erde

Dass ein Kompass überhaupt funktioniert, ist der Tatsache zu verdanken, dass die Erde selbst ein Magnetfeld besitzt. Dieses sieht – außerhalb des Erdballs –

ähnlich aus wie das eines Stabmagneten, der sich im Inneren des Globus befindet. Allerdings variiert das geomagnetische Feld in Stärke, Form und Hauptrichtung sowohl im Laufe der Zeit als auch örtlich zwischen verschiedenen Regionen der Erdoberfläche.

Wir wissen heute, dass das Feld durch eine Art Dynamo im Inneren der Erde gebildet wird. Ein Fahrraddynamo erzeugt aus einer Drehbewegung elektrischen Strom – der »Geodynamo« lässt aus den Bewegungen geschmolzener Metalle im äußeren Erdkern ein sich selbst verstärkendes Magnetfeld entstehen. Antrieb sind Konvektionsströmungen, also das Auf und Ab unterschiedlich heißer Magmakomponenten. Ganz ähnliche Dynamos aus leitfähigem Wasserstoff bilden das Magnetfeld der Sonne, das z. B. für die Sonnenflecken verantwortlich ist.

Schwankende TV-Gestalten

Machen Sie ein Experiment mit einem Röhrenfernseher (kein LCD- oder Plasmagerät!): Gehen sie mit einem Magneten nahe an die Bildröhre. Das Bild wird verzerrt, die Farben verändern sich. Der Grund: Das Bild wird durch fliegende Elektronen aufgebaut, und diese werden als bewegte elektrische Ladungen vom Magnetfeld abgelenkt. Aber nicht übertreiben: Einige Fernseher überstehen die Prozedur nicht ohne bleibende Bildverschlechterung.

Aus geologischen Untersuchungen des Meeresbodens ist bekannt, dass sich das Erdmagnetfeld im Laufe der Erdgeschichte mehrmals umgepolt hat. Im Moment leben wir in einer Phase des zurückgehenden Erdmagnetfelds. In einigen tausend Jahren könnte es verschwinden und dann mit vertauschter Orientierung neu entstehen. Das Erdmagnetfeld setzt sich auch in den Außenraum der Erde fort. Dort sorgt es für eine magnetische Abschirmung der Erdoberfläche von den elektrisch geladenen Teilchen des Sonnenwinds. Nur nahe den magnetischen Polen treffen diese Teilchen auf die Erdatmosphäre und erzeugen dort Polarlichter.

Der Nordpol des Erdmagnetfelds befindet sich in der Antarktis, der geomagnetische Südpol in Nordkanada. Dies muss so sein, denn sonst würde ja der Nordpol einer Kompassnadel in die geografische Südrichtung zeigen!

Licht

Wir haben es im Kapitel über Elektrizität und Magnetismus bereits angedeutet: Licht ist nichts anderes als eine von vielen elektromagnetischen Erscheinungen in der Natur – allerdings eine besonders wichtige, denkt man an die große Bedeutung, den der Gesichtssinn für uns Menschen hat.

Die Natur des Lichtes

Mit Licht bezeichnen wir im Alltag das, was unsere Augen auffangen und unser Gehirn als »Gesehenes« interpretiert. Licht kann hell oder dunkel sein sowie verschiedene Farben annehmen. »Weiß« und »Schwarz« sind übrigens keine Farben: Sehen wir »Schwarz«, bedeutet dies einfach die Abwesenheit jeglichen Lichts. Und weißes Licht ist eine Überlagerung aller Farben: Fällt es auf ein gewölbtes oder kantiges Stück Glas, dann spaltet es sich in eine immer gleiche Abfolge aller Farben auf. Für unsere Farbwahrnehmung ist dies die Folge Rot-Orange-Gelb-Grün-Blau-Violett, die auch im Regenbogen auftritt (dort ist Rot außen, Blau bzw. Violett innen). Physikalische Messgeräte, sog. Spektrografen, können noch wesentlich feinere Unterscheidungen treffen.

Ein Regenbogen spaltet auf natürliche Weise das Licht in seine Farben, d. h. spektralen Anteile auf. Langwelliges, rotes Licht findet sich außen, das kurzwellige blaue Ende des sichtbaren Spektrums innen.

Die Frage nach der physikalischen Natur des Lichts hat die Physiker lange Zeit beschäftigt. James Clerk Maxwell leitete in den 1860er-Jahren her, dass Licht ebenso wie viele andere Strahlungsformen aus elektromagnetischen Wellen besteht. Dies sind Schwankungen in elektrischen und magnetischen Feldern, die sich (im Vakuum) immer mit der konstanten Lichtgeschwindigkeit von knapp 300 000 km/s ausbreiten. Liegt die Wellenlänge dieser Wellen etwa zwischen 380 und 780 Nanometern (Milliardstel Meter, nm), dann handelt es sich um Licht, wobei unterschiedliche Lichtwellenlängen unterschiedlichen Farben entsprechen. Größere Wellenlängen haben Infrarotstrahlung, Mikro- und Radiowellen, kleinere finden sich bei UV-, Röntgen- und Gammastrahlung (s. u.).

Im Kapitel »Quantenmechanik« werden wir sehen, dass Licht nicht immer nur als Welle beschrieben werden kann, sondern auch Eigenschaften von winzigen Teilchen aufweist. Im Moment reicht aber die Vorstellung einer elektromagnetischen Welle aus, ja, in vielen Fällen genügt es sogar, sich Licht als »Strahl« vorzustellen, der reflektiert oder abgelenkt werden kann, ansonsten aber geradlinig weiterläuft.

Das elektromagnetische Spektrum

Elektromagnetische Wellen wie das Licht breiten sich, wie der Name schon sagt, mit der Lichtgeschwindigkeit aus, die man mit dem Buchstaben »*c*« abkürzt. Im Vakuum beträgt sie knapp 300 000 Kilometer pro Sekunde, in Materie (z. B. Glas oder Wasser) ist sie niedriger. Wie die im zweiten Kapitel behandelten mechanischen Wellen besitzen auch elektromagnetische Wellen Frequenz f und Wellenlänge λ. Es gilt der einfache Zusammenhang »Ausbreitungsgeschwindigkeit = Wellenlänge mal Frequenz«:

$$c = f \times \lambda.$$

Eine Welle, die mit 5 m/s fortschreitet und eine Frequenz von 2 Hz hat, macht zwei Schwingungen pro Sekunde und kommt dabei 5 m weit. Ein Wellenzug ist also 2,5 m lang. Elektromagnetische Wellen mit einer Frequenz von 90,0 MHz (eine typische UKW-Frequenz) haben entsprechend eine Wellenlänge von 3,33 m.

Die Wellenläge einer elektromagnetischen Welle beeinflusst ihre Ausbreitungseigenschaften. Grundsätzlich sind Wellen jeder Art sehr unempfindlich gegen Hindernisse, die kleiner als ihre Wellenlänge sind. Radiowellen, deren Wellenlänge über 10 m liegt (Lang-, Mittel- und Kurzwelle), gehen demnach ziemlich

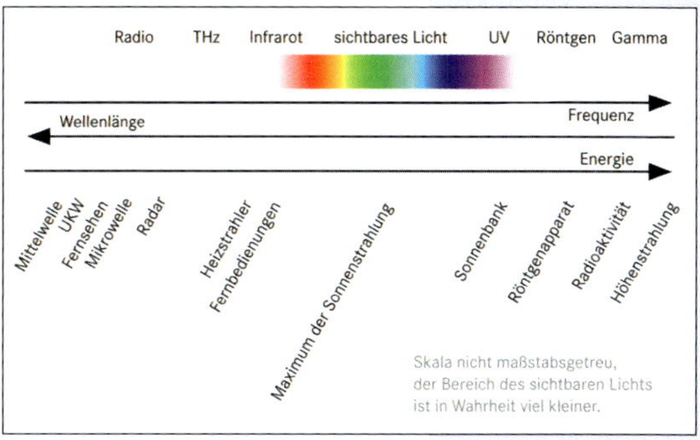

Das elektromagnetische Spektrum: Mit wachsender Energie der Strahlung nimmt die Frequenz zu, die Wellenlänge ab.

Werfen Sie einen Stein in einen Gartenteich: Die von diesem produzierte Welle passiert einzelne Gras- und Schilfhalme praktisch unverändert. Trifft sie jedoch auf einen Stein, der so groß wie der geworfene ist (oder größer), dann entstehen Tochterwellen, die vom Hindernis auszugehen scheinen.

Wärme- und Infrarotstrahlung werden oft verwechselt. Korrekt ist: Infrarotstrahlung ist die Wärmestrahlung von Körpern mit »normaler« Temperatur – Erdoberfläche, Menschen, kühle Getränke. Die Wärmestrahlung der mehr als 5000 Grad heißen Sonnenoberfläche dagegen ist – Licht!

unbeeindruckt durch Gebäude, Menschen und Tiere. Ultrakurzwellen mit Wellenlängen um 0,2–3 m funktionieren in Gebäuden und Menschenmengen schlechter als draußen. Und die noch kleineren Zentimeterwellen, die im Mikrowellenherd heizen und von Mobilfunk und Satelliten-TV genutzt werden, können durch einfache Abschirmungen zum Glück komplett blockiert werden.

Terahertzwellen (Frequenz etwa eine Billion Hertz, Wellenlänge unter einem Millimeter) sind technisch erst seit kurzen handhabbar. Kleidung ist für Terahertzstrahlung durchsichtig, Metalle und Haut dagegen nicht. So können sie bei Sicherheitskontrollen eingesetzt werden, um unter der Kleidung verborgene Waffen sichtbar zu machen.

Im anschließenden infraroten Spektralbereich liegt λ zwischen 0,8 μm und 1 mm. In diesem Bereich strahlt unsere Erde sehr hell. Der Grund ist die Wärmestrahlung, die jeder Körper aussendet. Deren Wellenlänge ist desto kleiner, je höher die Temperatur des Körpers ist. Bei »Zimmertemperatur« (genauer zwischen 3 und 3000 Kelvin) liegt das Maximum der Wärmestrahlung im Infraroten.

An das Infrarote schließt sich der sehr schmale Bereich des sichtbaren Lichts an, unterhalb von 400 nm ist die Strahlung sozusagen violetter als violett, also »Ultraviolett«. Dieses Licht können wir mit unseren Augen nicht mehr wahrnehmen, viele Vögel dagegen schon. Da es Sonnenbrand und schlimmstenfalls Hautkrebs erzeugt, sollte man sich davor schützen. Es besitzt genügend Energie, um Elektronen aus Atomen herauszuschlagen, also elektrisch geladene Ionen erzeugen. Man nennt UV-Licht und Strahlung mit noch kleinerer Wellenlänge daher auch »ionisierende Strahlung«.

Bei Wellenlängen von weniger als 10 nm spricht man von Röntgenstrahlung. Sie kann weiches organisches Material durchdringen und wird erst von Knochen absorbiert, die in Röntgenaufnahmen als Schatten sichtbar werden. Ebenso wie die noch kurzwelligere Gammastrahlung kann sie das Gewebe massiv schädigen, insbesondere das Erbgut. Die kürzesten jemals gemessenen Wellenlängen finden sich in der kosmischen Höhenstrahlung, der Rekord liegt bei 10^{-26} m, die zugehörige Frequenz beträgt 3×10^{34} Hz.

Spiegel

Wenn Licht auf ein Hindernis trifft, in das es nicht eindringen kann, gibt es zwei Möglichkeiten: Entweder das Licht wird absorbiert (»verschluckt«) oder aber es wird zurückgeworfen, d. h. reflektiert bzw. gespiegelt. Dabei gilt das bekannte Reflexionsgesetz

»Einfallswinkel gleich Ausfallswinkel«.

Das Licht läuft also unter demselben Winkel vom Hindernis weg, unter dem es angekommen ist, oder genauer: Bei der Reflexion von Lichtstrahlen ist der Winkel zwischen einfallendem Strahl und Einfallslot gleich dem zwischen Einfallslot und reflektiertem Strahl.

Trifft Licht auf einen gewölbten Spiegel, dann werden die Lichtstrahlen, die von benachbarten Punkten ausgehen, in unterschiedliche Richtungen reflektiert. Ein nach außen gewölbter, konvexer Spiegel (z. B. eine Christbaumkugel) scheint die Lichtstrahlen auseinander zu bringen, während ein nach innen gewölbter, konkaver Spiegel (Rasierspiegel) Lichtstrahlen aufeinander zuführt, fokussiert. Das Bild, das durch einen konvexen Spiegel entsteht, ist ein virtuelles (»scheinbares«), verkleinertes Bild des Gegenstands: Die reflektierten Dinge scheinen in der Christbaumkugel zu schweben, was natürlich nicht sein kann. Das Bild im Brennpunkt des Rasierspiegels

Wird Licht reflektiert, so sind Einfalls- und Ausfallswinkel gleich groß.

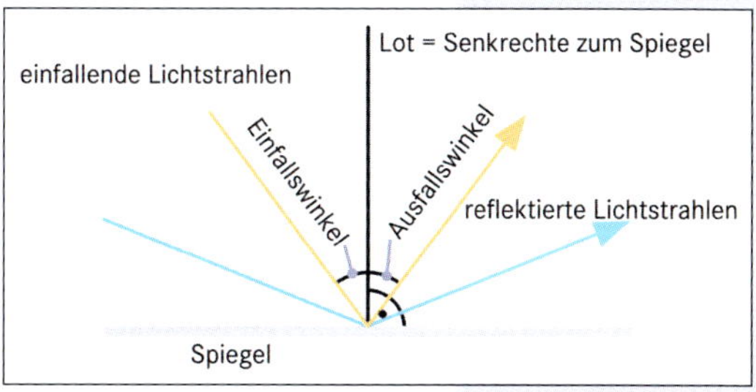

Wenn bei einer Abbildung die Lichtstrahlen sich in einem Punkt tatsächlich treffen, dann spricht man von einem *realen Bild*. Laufen nur die gedachten Verlängerungen der Strahlen zusammen, dann nennt man dies ein scheinbares oder *virtuelles Bild*.

Spiegel verkehrt?
Es ist eine alte Frage und bereitet doch immer wieder Kopfzerbrechen: Warum vertauscht ein Spiegel links und rechts, aber nicht oben und unten? Um hier Klarheit zu schaffen, müssen wir uns die einzelnen Richtungskomponenten eines Lichtstrahls ansehen. Licht, das vor dem Auftreffen auf einen (ebenen) Spiegel von links nach rechts wanderte, macht dies auch nach dem Auftreffen. Das Gleiche gilt für Strahlen, die vertikal nach oben bzw. unten verlaufen. Lediglich die Richtungskomponente, die auf den Spiegel zu läuft, also nach vorne, wird vertauscht und verlässt den Spiegel in der entgegensetzten Richtung, d. h. nach hinten. Die Antwort ist also: Ein Spiegel vertauscht weder links und rechts noch oben und unten – er vertauscht vorne und hinten! Unser Gehirn allerdings unterstellt unbewusst, dass unser Spiegelbild um 180° um die Längsachse gedreht sei. Dann *müssten* links und rechts ebenfalls vertauscht sein. Mit anderen Worten: Im Spiegelbild sind links und rechts nur unseren unbewussten Erwartungen gegenüber vertauscht!

ist real: Man kann ein Blatt Papier in den Strahlengang halten und sieht ein Abbild der Umgebung, das allerdings auf dem Kopf steht.

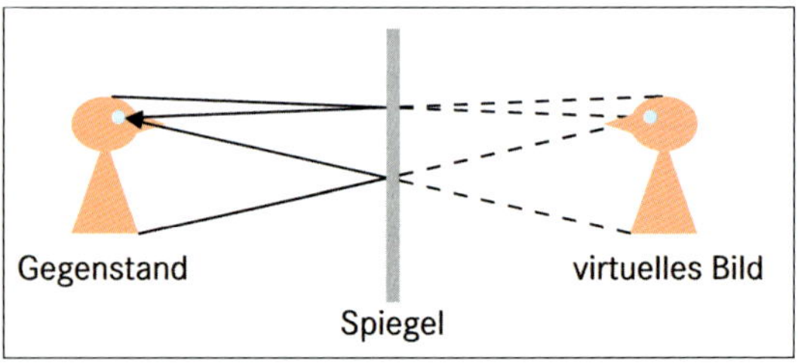

Das Bild eines ebenen Spiegels ist virtuell. Das »Spiegelbild« scheint von dort zu kommen, wo die Lichtstrahlen, die der Beobachter sieht, sich treffen würden, wenn es keinen Spiegel gäbe.

Brechung
Neben Absorption und Reflexion gibt es noch eine dritte Möglichkeit, wenn Licht auf Materie trifft: Es kann in Glas, Wasser oder andere Medien eindringen. Beim Grenzübertritt ändert sich allerdings seine Richtung, und zwar von der Grenzfläche weg (bzw. zum Einfallslot hin), wenn das Licht vom optisch dünneren Material (Luft) ins dickere (Glas) läuft. Diese *Brechung* genann-

te Ablenkung ist umso stärker, je schräger das Licht auf die Grenzfläche fällt und je stärker die »Brechkraft«, ausgedrückt als (dimensionsloser) Brechungsindex *n* ist. Dieser entspricht dem Faktor, um den die Lichtgeschwindigkeit im brechenden Medium niedriger als im Vakuum ist. Luft hat einen Brechungsindex von 1,0003, Wasser 1,33, Glas kann je nach Sorte Werte von über 2 erreichen.

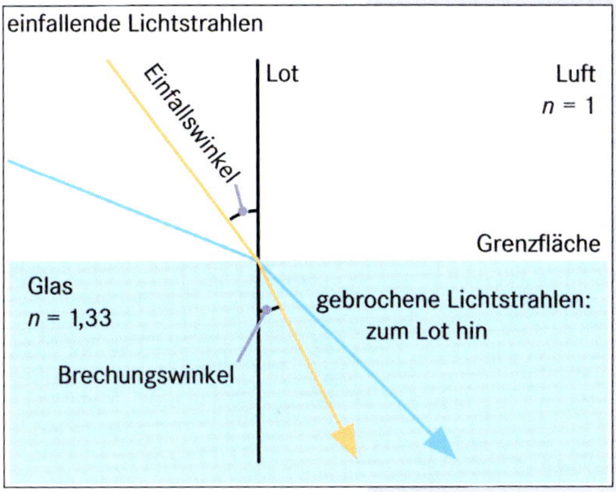

Beim Übertritt von Luft (Brechungsindex *n* = 1) in das optisch dichtere Medium Glas (*n* = 1,33) wird ein Lichtstrahl nach »innen« gebrochen.

Ein wichtiges Phänomen in diesem Zusammenhang ist die *Dispersion*: Darunter versteht man die Tatsache, dass der Brechungsindex *n* für verschiedene Wellenlängen leicht unterschiedliche Werte annimmt. Wenn Licht durch eine planparallele Platte tritt, hat dies kaum Auswirkungen, denn die Dispersion beim Eintritt und die beim Austritt heben sich auf. Anders ist es bei einem Prisma mit dreieckigem Querschnitt: Hier wir das Licht zweimal in dieselbe Richtung gebrochen. In beiden Fällen werden die kurzen Wellenlängen des blauen Lichts etwas stärker abgelenkt als das langwelligere rote Licht (gelb und grün liegen entsprechend dazwischen). Ein Prisma spaltet also einfallendes Licht in seine Spektralfarben auf – genau wie schwebende Eiskristalle und Regentropfen, welche den Regenbogen und andere atmosphärische Erscheinungen hervorrufen.

Beim Durchgang durch ein Prisma wird das Licht zweimal in dieselbe Richtung gebrochen, wobei die blauen Anteile am stärksten, die roten am wenigsten betroffen sind.

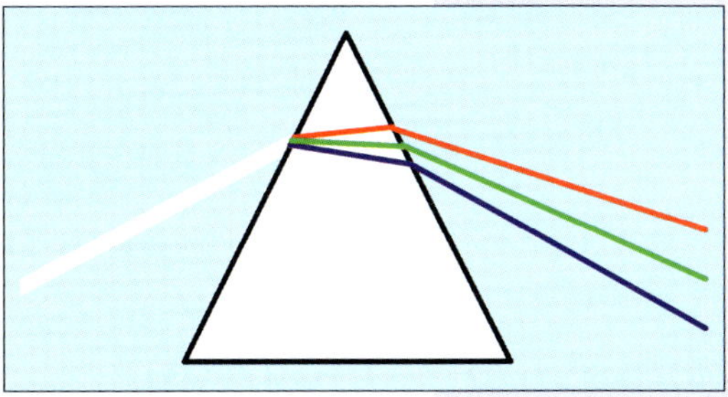

Lupe und Fernrohr

Eine *Lupe* ist ein Vergrößerungsglas. Im einfachsten Fall besteht Sie aus einer doppelt konvexen Linse, also einem rotationssymmetrischen Stück Glas, das in der Mitte dicker ist als am Rand. Um den Strahlenverlauf in einer Lupe zu verstehen, betrachten wir einen Schnitt durch die Linse. Die Linse kann man als Zusammensetzung von Prismen verschiedener Winkel betrachten. Die Prismen am äußeren Rand lenken das Licht stärker ab als die Prismen in der Mitte – und ein Lichtstrahl, der genau durch die Mitte (die »optische Achse«) der Linse geht, wird gar nicht aus der Bahn gebracht. Alle parallel durch eine Linse laufenden Strahlen werden in einem Punkt, dem *Brennpunkt*, gesammelt. Der Abstand Linse–Brennpunkt heißt *Brennweite*. Vom betrachteten Objekt, das sich auf einer Seite der Linse befindet, erzeugt die Lupe ein umgekehrtes reales oder ein aufrecht stehendes virtuelles Bild, je nachdem, ob sich das Objekt innerhalb oder außerhalb der Brennweite befindet. Benutzt man die Linse als Lupe, dann wird das Objekt innerhalb der Brennweite der Linse platziert.

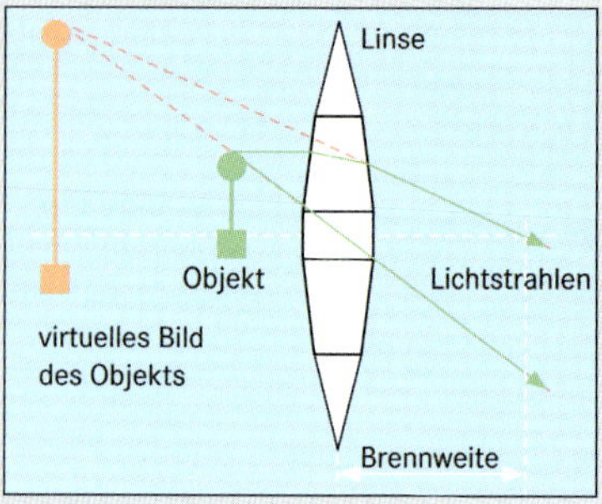

Strahlengang bei einer Lupe. Das virtuelle Bild des Objekts ist weiter von der Linse entfernt als das Objekt – das Auge kann es besser scharfstellen und sieht es dazu unter einem größeren Winkel.

Das von der Linse erzeugte virtuelle Bild ist größer als das Objekt. Es befindet sich zudem weiter vom Betrachter entfernt als das Objekt, was beim Betrachten hilft: Jedes Auge kann nämlich nur Gegenstände bis zu einem bestimmten Mindestabstand scharfstellen. Bei Kindern sind dies nur wenige Zentimeter, mit steigendem Lebensalter werden es mehr (»Altersweitsichtigkeit«). Da das virtuelle Bild durch die Lupe weiter weg vom Auge als das Objekt selbst ist, wird es überhaupt erst möglich, es scharf (und dazu vergrößert) zu sehen.

Nimmt man eine zweite Linse hinzu, kann man aus der Lupe ein *Fernrohr* machen. Die erste Linse, das »Objektiv«, muss eine große Brennweite haben. Es erzeugt nahe seinem Brennpunkt ein kleines reales Abbild eines entfernten Objekts. Die zweite Linse, das »Okular«, wird als Lupe benutzt, um dieses Abbild für das Auge des Betrachters zu vergrößern. Die Vergrößerung, die ein bestimmtes Fernrohr oder ein Fernglas erreicht, ist dabei einfach zu berechnen:

$$\text{Vergrößerung} = \frac{\text{Objektivbrennweite}}{\text{Okularbrennweite}}.$$

Das Bild eines solchen einfachen Fernrohrs steht auf dem Kopf. Bei astronomischen Beobachtungen stört dies nicht, wohl aber bei der Jagd oder auf See. Deshalb besitzen Ferngläser und Feldstecher eine zusätzliche Prismenkombination, welche das Bild »vom Kopf auf die Füße stellt«.

Fernrohre vergrößern nicht nur das Bild entfernter Objekte, sie sammeln auch das Licht. Tatsächlich ist bei astronomischen Teleskopen der Helligkeitsgewinn durch große Eingangsöffnungen viel wichtiger als die Vergrößerung. Darum sollte man beim Kauf mehr Wert auf einen großen Objektivdurchmesser als auf theoretisch mögliche Vergrößerungsfaktoren legen!

Große Objektivdurchmesser bringen allerdings ein Problem mit sich: Glaslinsen lassen sich nicht in beliebiger Größe herstellen und handhaben. Stattdessen besitzen heutige Großteleskope gewölbte Spiegel als »Objektiv«, dieser Reflektor genannte Aufbau ist mechanisch wesentlich robuster. Bei einer freien Öffnung von weniger als einem Meter werden Fernrohre mit Linsenobjektiv, auch Refraktoren genannt, aber immer noch eingesetzt, da sie kontrastreichere Bilder liefern als Spiegelteleskope gleicher Größe.

Der »Große Refraktor« des Astrophysikalischen Instituts in Potsdam ist eines der größten Teleskope, das nach dem klassischen Zwei-Linsen-Prinzip konstruiert ist.

Atome, Kerne, Elementarteilchen

Wir sind nun an einem Wendepunkt dieses Buches angelangt: die bisherigen Kapitel beschäftigten sich im Wesentlichen mit dem, was man die »klassische Physik« nennt und was in etwa den Stand des Wissens um das Jahr 1900 widerspiegelt. Ab jetzt wenden wir uns der »modernen Physik« zu, im letzten Kapitel dann sogar der »Physik von morgen und übermorgen«. Doch die beiden Bereiche stehen nicht unabhängig nebeneinander. Schon Maxwells elektromagnetische Theorie trug den Keim der Relativitätstheorie in sich, und bei der Erklärung von Stoffeigenschaften und thermischen Prozessen mussten wir bereits auf die Vorstellung vom Atom mit Kern und Elektronenhülle zurückgreifen.

Im jetzt beginnenden Kapitel werden wir nicht nur Atome, sondern sogar noch kleinere Materiebausteine näher kennenlernen. Das sog. Standardmodell der Teilchenphysik wurde in den Jahren 1961 bis 1973 abgeschlossen, es erklärt mit den – meist recht komplizierten – Mitteln der modernen Physik fast alle beobachtbaren Vorgänge im Mikrokosmos. Wenn wir uns mit diesen vertraut gemacht haben, werden wir im nächsten Kapitel das Herz der heutigen Physik, die Quantentheorie, in Angriff nehmen.

Atome

Wie oft kann man einen Kuchen durchschneiden? Unendlich oft? Wohl kaum. Er lässt sich halbieren, die beiden Hälften ebenso, die Viertel wiederum – aber in der Praxis ist es schon schwierig, mit dem Tortenmesser fünf oder sechs Halbierungen durchzuführen, den Kuchen also in 64 Stücke zu vielleicht noch 10 g zu unterteilen. Solch ein Stückchen kann mit Pinzette, Skalpell und Lupe noch einmal »gevierundsechzigteilt« werden, es bleiben Krümel von 0,15 g bzw. 150 mg. Mit aufwendigeren Mitteln lassen sich natürlich noch deutlich winzigere Materieportionen erzeugen, aber irgendwann einmal, sagt uns die Intuition, muss Schluss damit sein. Auf rein philosophischem Wege war Demokrit um

460 v. Chr. schon zu der Überzeugung gekommen, dass es unteilbare kleinste Einheiten gibt, die er »Atome« nannte (nach griechisch »atomos«, »unteilbar«). Allerdings hatte er, im Gegensatz zu uns (s. u.), natürlich noch keine experimentellen Beweise für die Existenz der Atome.

Heute kennen wir 117 verschiedene Arten von Atomen, die chemischen Elemente. 94 von ihnen kommen auf der Erde natürlich vor – z. B. Wasserstoff, Kohlenstoff, Gold oder Chlor. Ihr jeweils unterschiedlicher innerer Aufbau bewirkt ihre charakteristischen physikalischen und chemischen Eigenschaften, etwa Dichte, Reaktionsfreudigkeit oder Schmelztemperatur. So gut wie alle chemischen Wechselwirkungen finden zwischen den Außenbereichen der Atome, den Atomhüllen statt. Physiker bezeichnen das Fach Chemie daher auch manchmal etwas despektierlich als »Physik der Atomhülle«.

Die polnisch-französische Wissenschaftlerin Marie Curie (1867–1934) leistete zusammen mit ihrem Mann Pierre wesentliche Beiträge zur Physik der Atomkerne und zur Erforschung der Radioaktivität. So erhielt 1903 den Physik- und 1911 den Chemie-Nobelpreis. Auch ihr Mann, ihre Tochter Irène Joliot-Curie und deren Mann Frédéric wurden mit einem Nobelpreis ausgezeichnet.

Kern und Hülle

Ein einzelnes Atom besteht aus einem Atomkern, der fast die gesamte Masse trägt, und einer Hülle aus leichten *Elektronen*. Der Kern wiederum ist aufgebaut aus *Nukleonen* genannten Partikeln, von denen es zwei Arten gibt: *Protonen* und *Neutronen*. Protonen tragen genau eine positive elektrische Elementarladung, Elektronen eine negative, Neutronen sind elektrisch neutral. Wenn sich Atome miteinander zu Molekülen verbinden, also chemisch reagieren, dann verschmelzen in der Regel Teile ihrer Elektronenhüllen zu einer Art Molekülelektronenwolke. Die Kerne sind daran nicht beteiligt.

Ein Atom ist nach außen elektrisch neutral, wenn es genauso viele Elek-

Die Zehnerpotenzschreibweise gibt an, wie viele Stellen vor oder nach dem Komma mit Nullen aufzufüllen sind. »1,66 × 10^{-24}« bedeutet ausgeschrieben 0,000 … 000 166 mit insgesamt 24 Nullen, einer vor und 23 hinter dem Komma. Bei sehr großen Zahlen wie der Anzahl der Atome in einem Mol eines Stoffes schreibt man 6 × 10^{23} und meint damit die Zahl 600 000 … 000 mit insgesamt 23 Nullen hinter der 6.

tronen wie Protonen enthält. Hat ein Atom mehr Elektronen als Protonen, so ist es ein negativ geladenes *Ion* (manchmal auch »Anion« genannt), hat es weniger Elektronen, so wird es zum positiv geladenen Ion (»Kation«). Ionen mit entgegengesetzter Ladung ziehen sich elektrisch an und können Molekülverbände in Form von Ionengittern bilden. Kochsalz besteht z. B. aus positiven Natrium-Ionen und negativen Chlorid-Ionen, die sich im Salzkristall zu einer regelmäßigen räumlichen Struktur anordnen.

Das einfachste Atom ist das Wasserstoffatom. Sein Kern besteht in der Regel aus genau einem Proton und die Hülle aus einem Elektron. Das zweitleichteste Element Helium besitzt zwei Protonen, Kohlenstoff sechs, Gold 79 und Uran 92. Die Anzahl der Neutronen beeinflusst das chemische Verhalten nicht, so gibt es auch Wasserstoff mit einem oder zwei Neutronen im Kern (Deuterium bzw. Tritium). Auf diese *Isotope* genannten Varianten der chemischen Elemente werden wir bald noch einmal zurückkommen.

Die Masse eines Atoms ist unglaublich klein, bei einem Kohlenstoffatom mit je sechs Protonen und Neutronen beträgt sie nur rund 2 × 10^{-23} g. Um mit handlicheren Zahlen arbeiten zu können, hat man die atomare Masseneinheit »u« definiert. 1 u entspricht 1,66 × 10^{-24} g, ein Proton hat die Masse 1,007 u, ein Neutron 1,009 u. (Die Elektronenmasse beträgt lediglich 1/1837 u und trägt nicht nennenswert zur Atommasse bei.) Somit ist die Masse eines Atoms in u in etwa gleich der Anzahl seiner Nukleonen. Gold besitzt beispielsweise mit 79 Protonen und 118 Neutronen ein Atomgewicht von 197,0 u. Rechnen Sie bis zum Abschnitt »Kernfusion« in einigen Seiten doch schon einmal mit den oben angegebenen Massewerten aus, wie schwer 79 Protonen und 118 Neutronen zusammen sein müssten!

Der Rutherford-Versuch

Zu Beginn dieses Kapitels hatte ich Ihnen Beweise für die Richtigkeit des Kern-Hülle-Modells angekündigt. Diese liefert u. a. ein klassisches Experiment des neuseeländisch-britischen Physikers Ernest Rutherford (1871–1937). Er spielte sozusagen Billard mit Atomen, indem er mit seinen Mitarbeitern eine hauchdünne Goldfolie mit Heliumkernen beschoss. Die Folie war so dünn ausgewalzt, dass sie nur noch aus einigen hundert Lagen Atomen bestand. Das Resultat der Versuche: Die meisten Heliumkerne durchstießen die Goldfolie ohne Störung, manche wurden leicht abgelenkt, eine wenige aber stark, teilweise sogar um fast 180°.

Welchen Schluss zog Rutherford aus dem Versuchsergebnis? Die elektrisch positiv geladenen Heliumkerne können nur mit den Atomkernen wechselwirken, da die Elektronen zu leicht sind. Wenn die meisten Partikel ungehindert durch die dicht an dicht liegenden Atome kommen, müssen die Atomkerne sehr klein im Vergleich zum gesamten Atom sein! Durch genaue Auswertung der Experimente ermittelte er, dass der Durchmesser der Atome etwa 10 10^{10} m beträgt, der des Kerns dagegen nur 10^{-15} m, also ein Hunderttausendstel davon. Wenn ein Atom so groß wäre wie ein Fußballstadion, dann hätte sein Kern nur einen Durchmesser von 1 cm!

Der Physiker Ernest Rutherford studierte in seiner Heimat Neuseeland Physik, seit 1907 lebte und lehrte er in England. 1908 erhielt er den Chemie-Nobelpreis für seine Arbeiten über die radioaktive Strahlung. Er wurde zum Baron ernannt, war Präsident der Royal Society und erhielt ein Ehrengrab in der Westminster Abbey. Zu seinen Ehren heißt das 104. chemische Element »Rutherfordium«.

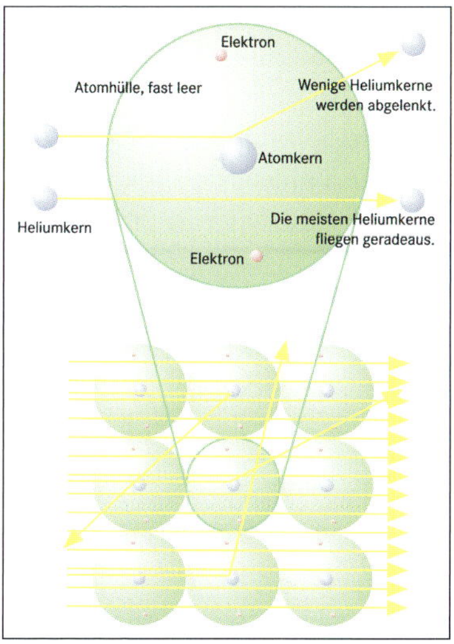

Interpretation des Rutherford-Experiments: Atome bestehen aus einem winzigen, massiven Kern und einer weitgehend »leeren« Hülle aus leichten Elektron.

Das Periodensystem der Elemente

Wie schon angedeutet, ist die Anzahl der Protonen im Atomkern gleich der Zahl der Elektronen in der Hülle und diese wiederum bestimmt die chemischen Eigenschaften eines Elements. Daher haben die Chemiker die Elemente entsprechend durchnummeriert und nennen die Protonenzahl die *Ordnungszahl* eines Elements – Wasserstoff hat die Nummer 1, Kohlenstoff 6, Gold 79. In der zweiten Hälfte des 19. Jahrhunderts bemerkten Chemiker wie der Russe Dmitri Mendelejew (1834–1907), dass nach bestimmten Elementenzahlen sich deren chemische Eigenschaften wiederholen: Lithium (3), Natrium (11) und Kalium (19) – Differenz jeweils 8 – ähneln sich sehr, ebenso Chlor (17), Brom (35) und Iod (53), hier ist die jeweilige Differenz 18. Ordnet man nun chemisch verwandte Elemente zu *Gruppen* übereinander und die Gruppen so nebeneinander, dass der rechte Nachbar jeweils eine um 1 höhere Ordnungszahl hat, dann erhält man das berühmte *Periodensystem der Elemente*.

Ganz links oben im Periodensystem steht Wasserstoff, das Element Nr. 1. Nach rechts wie nach unten werden die Atome schwerer und größer. Was sofort auffällt, ist, dass in den Zeilen *(Perioden)* unterschiedlich viele Elemente auftreten: erst zwei (Wasserstoff und Helium), dann in der zweiten und dritten Periode jeweils acht, dann zweimal 18 und in den Perioden sechs und sieben sogar 32. Betrachtet man nur die ersten drei Perioden, dann gibt es acht Spalten, welche die *Hauptgruppen* der Elemente darstellen. Davon sind die erste (die Alkalimetalle, Gruppe 1) und die vorletzte (die Halogene oder Salzbildner, Gruppe 17) besonders reaktionsfreudig, da ihre Elektronenhüllen besonders leicht Elektronen abgeben oder aufnehmen können. Die Elemente der letzten Gruppe, die Edelgase (Gruppe 18), haben hingegen eine »kontaktscheue« abgeschlossene Elektronenhülle und reagieren so gut wie gar nicht mit anderen Atomen.

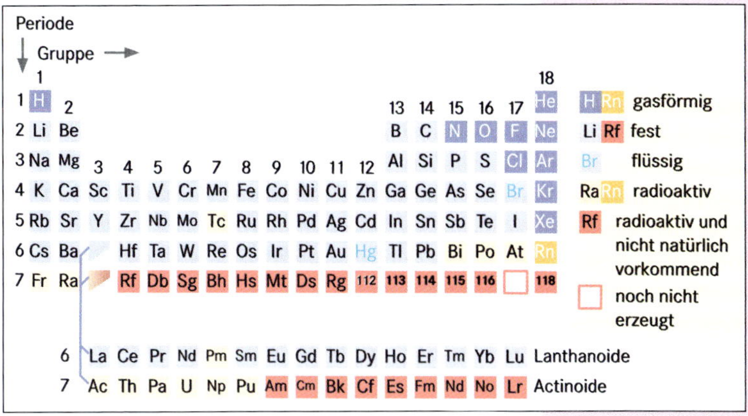

Das Periodensystem der Elemente. Oben links sitzen die leichtesten Elemente, unten rechts die schwersten. Die Elemente mit Ordnungszahlen über 111 haben noch keinen offiziellen Namen, Element »117« ist noch nicht nachgewiesen worden.

Ab der vierten Periode kommen weitere Gruppen hinzu. Diese – Gruppe 3 bis 12 – heißen auch *Nebengruppen*. Es sind ausschließlich Metalle, darunter auch die Edelmetalle Silber, Gold und Platin. Man nennt diese Elemente auch *Übergangselemente* bzw. -metalle. Schließlich treten ab der sechsten Periode noch sog. Lanthanoide (zwischen Lanthan, La, und Hafnium, Hf) und Actinoide (zwischen Actinium, Ac, und Rutherfordium, Rf) zwischen die Nebengruppen 3 und 4. Zu diesen meist recht seltenen und einander sehr ähnlichen Metallen zählen u. a. Uran und Plutonium.

Isotope

Wir hatten bereits oben die beiden Wasserstoff-Isotope Deuterium und Tritium kennengelernt, die sich von normalem Wasserstoff durch ein bzw. zwei zusätzliche Neutronen im Kern unterscheiden. Tatsächlich kann vom chemischen Standpunkt aus betrachtet jedes Element beliebig viele Neutronen enthalten, ohne dass dies die Elektronenstruktur und damit die »Chemie« der Atome nennenswert beeinflusst. Daraus erklärt sich auch der Name *»Isotop«*: er bedeutet, frei übersetzt, »gleicher Ort« – alle Isotope eines Elements stehen am selben Ort im Periodensystem. Physikalisch

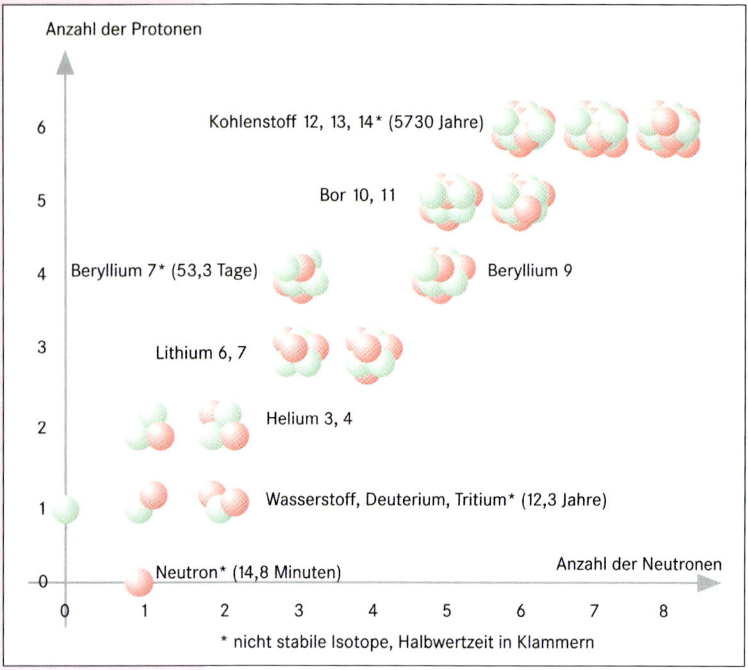

Eine einfache Nuklidkarte für die leichtesten Atomkerne, instabile Isotope sind mit einem »*« gekennzeichnet. (Neutronen sind nur in Atomkernen stabil, ein einzelnes freies Neutron zerfällt nach etwa einer Viertelstunde.)

gesehen gibt es aber doch Unterschiede: Isotope haben unterschiedliche Massen, und Kerne mit zu vielen oder zu wenigen Neutronen sind instabil und damit *radioaktiv*, d. h. sie senden Strahlung und/oder Partikel aus, um sich in eine stabilere Konfiguration umzuwandeln.

Um ein Isotop oder *Nuklid* – wie Kernphysiker gerne sagen – genau zu bezeichnen, sind zwei Angaben erforderlich, nämlich die Zahl der Protonen und die der Neutronen im Kern. Ebenso kann man natürlich Protonen- und Nukleonenzahl angeben. Es hat sich eingebürgert, oben links neben den Elementnamen die Nukleonenzahl zu notieren und darunter die Anzahl der Protonen: »$^{12}_{6}C$« oder auch nur »^{12}C« bzw. »C-12«. (Im Elementsymbol steckt ja die Anzahl der Protonen bereits drin.)

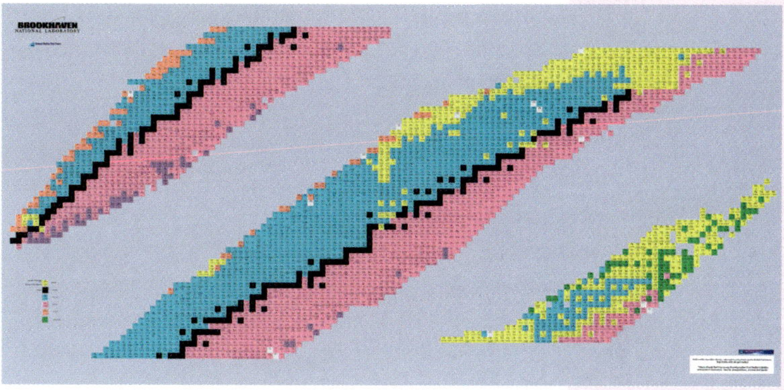

Stark verkleinerte Darstellung der vollständigen Nuklidkarte, dreigeteilt. Sie beginnt links, der mittlere Bereich müsste eigentlich oben in der Mitte anschließen, die rechte untere Sektion schließt wiederum am oberen Ende des mittleren Bereichs an. Die stabilen Isotope sind in schwarz dargestellt. Blaue Isotope zerfallen als β^+-Strahler, rosafarbene als β^--Strahler. Die gelben Isotope zerfallen als Alpha-Strahler, die grünen spalten spontan.

Masseeinheiten für den Mikrokosmos

Einheiten wie Gramm oder Kilogramm sind in der Atom- und Kernphysik wegen der vielen Nullen nach dem Komma sehr unpraktisch. Die atomare Masseneinheit u, die in etwa der Masse von Proton und Neutron entspricht, kennen wir ja schon. Kernphysiker bevorzugen aber noch eine ganz andere Art, Massen anzugeben. Diese macht sich Albert Einsteins berühmter Formel $E = mc^2$ zunutze, nach der Masse und Energie ineinander umgewandelt bzw. umgerechnet werden können (die Relativitätstheorie sehen wir uns im übernächsten Kapitel genauer an). Allerdings ist auch 1 J eine viel zu große Energiemenge für die Dimensionen von Atomkernen und Elementarteilchen. Stattdessen wählt man als Bezugsgröße die elektrische Energie eines Elektrons, das eine Spannung von 1 V spürt. Es ist nämlich 1 Elektronenvolt (eV) = $1{,}602 \times 10^{-19}$ J (der Umrechnungsfaktor ist gerade der Zahlenwert der Elementarladung!). Bindungs- oder Vibrationsenergien von Molekülen liegen typischerweise zwischen einigen eV und einigen meV (Millielektronenvolt). Wollen wir Massen in diesem System angeben, müssen wir sie nur durch den Faktor c^2, also das Quadrat der Lichtgeschwindigkeit teilen und erhalten die Masseneinheit »eV/c^2«. Mit den Vorsätzen k für kilo (10^3), M für Mega (10^6) und G für Giga (10^9) kommen wir nun zu handlichen Zahlenwerten: Ein Elektron hat die Masse $m_e = 511{,}0\ keV/c^2 \approx 0{,}5\ MeV/c^2$ und die Protonenmasse m_p beträgt $938{,}3\ MeV/c^2$.

Was das Periodensystem der Elemente für die Chemiker, ist die *Nuklidkarte* für die Kernphysik. Die über 3500 bekannten natürlichen oder künstlich erzeugten

Isotope werden darin so aufgetragen, dass die Protonen- bzw. Ordnungszahl nach oben und die Neutronenzahl nach rechts hin zunimmt.

Radioaktivität

Instabile bzw. radioaktive Nuklide (»Radionuklide«) zerfallen wie bereits angedeutet nach einer gewissen Zeit spontan, also ohne äußere Einflüsse, in andere, stabilere Nuklide. Dabei lässt sich nicht vorhersagen, wann ein bestimmter Atomkern zerfällt. Man kann nur die sog. *Halbwertszeit* eines Zerfalls bestimmen. Sie gibt an, nach welcher Zeit die Hälfte der Atomkerne einer (makroskopisch großen) Stoffprobe eines bestimmten Nuklids zerfallen ist. Nach zwei Halbwertszeiten ist entsprechend noch ein Viertel der ursprünglichen Kerne vorhanden, nach zehn Halbwertszeiten noch etwas weniger als ein Tausendstel der Kerne ($1/2^{10} = 1/1024$). Welcher Kern wann zerfällt, ist dabei komplett vom Zufall bestimmt! Es gibt unterschiedliche radioaktive Zerfallswege, von denen die zwei häufigsten aus historischen Gründen etwas einfallslos »Alpha-« (α-) und »Betazerfall« (β-Zerfall) genannt werden.

- Beim *Alphazerfall* sendet das Radionuklid einen Kern des Helium-Isotops He-4 aus, der aus zwei Protonen und zwei Neutronen besteht und aus naheliegenden Gründen auch als *Alphateilchen* bezeichnet wird. Er ist eine der stabilsten Konfigurationen, die Protonen und Neutronen überhaupt einnehmen können. Der Alphazerfall tritt nur bei schweren Atomkernen mit mehr als etwa 140 Nukleonen auf. Nach dem Zerfall hat der entsprechende Kern je zwei Protonen und Neutronen weniger, z. B. entsteht beim Alphazerfall von Radium-226 (Ordnungszahl 88) das Nuklid Radon-222 (Ordnungszahl 86).
- Der zweite Zerfallsweg ist der *Betazerfall*. Hier verwandelt sich ein Neutron im Kern eines radioaktiven Isotops in ein Proton. Dadurch ändert sich die Protonen- und damit die Ordnungszahl, das Atom wechselt

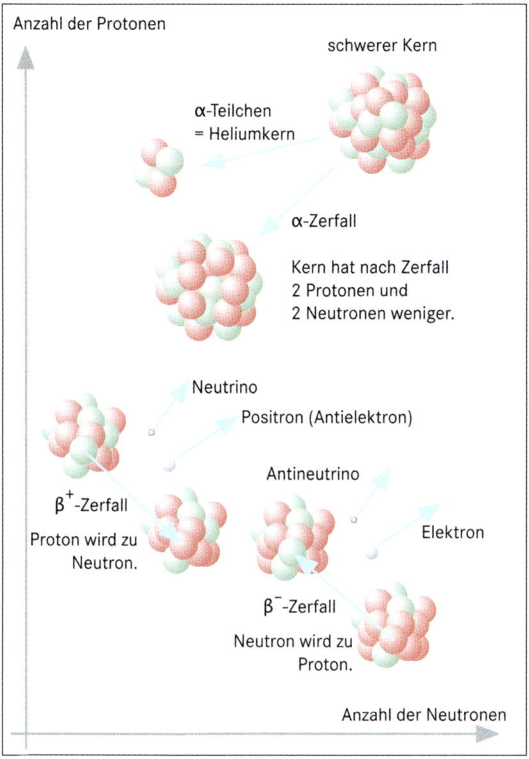

Zerfallswege im Alpha- (α-) und Beta- (β-)Zerfall, die Darstellung ist analog zur o. a. Nuklidkarte: Wandert der Kern nach unten, verliert er Protonen, wandert er nach links, Neutronen.

also seine chemische Identität und wird zum rechten Nachbarn im Periodensystem. Auch beim Betazerfall werden Teilchen freigesetzt, die man früher Betateilchen nannte. Heute weiß man, dass es sich bei diesen einfach um Elektronen handelt. Auf die außerdem entstehenden sog. Neutrinos gehen wir später näher ein. Der gewöhnliche Betazerfall wird auch β^--Zerfall genannt (wegen der negativen Ladung des Elektrons). Es gibt auch einen β^+-Zerfall, bei dem ein Proton unter Aussendung eines positiv geladenen Positrons – des Elektron-Antiteilchens – zum Neutron wird.

• Nach einem Alpha- oder Betazerfall besitzt ein Atomkern in der Regel eine hohe innere Energie, man

Nicht nur das Elektron hat mit dem Positron ein *Antiteilchen* mit gleicher Masse, aber entgegengesetzter elektrischer Ladung. Tatsächlich besitzt jedes Elementarteilchen einen solchen Partner aus *Antimaterie*.

sagt auch, er befinde sich in einem *angeregten Zustand*. Durch die Emission von elektromagnetischer »Gammastrahlung« verringert der Kern seine innere Energie, seine grundlegenden Eigenschaften ändern sich dabei nicht. Unter *Gammastrahlung* versteht man allgemein alle elektromagnetischen Wellen, deren Energie noch über der von Röntgenstrahlen liegt, wobei die Abgrenzung etwas unscharf ist. Der griechische Buchstabe »gamma« (»γ«) dient generell als Symbol für das Lichtteilchen oder Photon, egal welche Energie und Wellenlänge es besitzt.

• Es gibt noch eine Reihe von weiteren, zum Teil sehr exotischen Zerfallsprozessen. Wichtig ist v. a. die *spon-*

Die Radiokohlenstoff-Methode

Ein praktisch überall anzutreffender Betastrahler ist das Kohlenstoff-Isotop C-14 *(»Radiokohlenstoff«)*, das aus 6 Protonen und 8 Neutronen besteht. Es zerfällt mit einer Halbwertszeit von 5730 Jahren in das Stickstoff-Isotop N-14 mit je 7 Protonen und Neutronen. Außerdem entsteht neben einem Antineutrino noch ein Elektron als »Betateilchen«, das dafür sorgt, dass die elektrische Ladung vor und nach dem Zerfall die gleiche ist. C-14 bildet sich in der Hochatmosphäre durch Reaktionen zwischen Kohlenstoffkernen im Kohlenstoffdioxid und kosmischer Strahlung. Anschließend verteilt es sich über die Photosynthese im Nahrungskreislauf, sodass so gut wie alles organische Material einen gewissen C-14-Anteil aufweist: Etwa jeder billionste Kohlenstoffkern in Ihrem Körpergewebe ist ein C-14-Kern. Stirbt ein Tier oder eine Pflanze, versiegt der C-14-Nachschub mit dem Erliegen des Stoffwechsels, und der C-14-Gehalt beginnt aufgrund des radioaktiven Zerfalls zu sinken. Nach der C-14-Halbwertszeit von 5730 Jahren ist nur noch jeder zweibillionste Kohlenstoffkern ein C-14. Auf diese Weise kann man das Alter von archäologischen Funden aus dem Mittelalter bis zurück zur Altsteinzeit anhand des C-14-Restgehalts in winzigen organischen Probenresten zuverlässig bestimmen.

Das Alter von archäologischen Holzfunden wie diesem bei Köln gefundenen römischen Rheinschiff kann anhand des Gehalts an radioaktivem C-14 ermittelt werden.

tane Spaltung sehr schwerer Kerne wie etwa Uran oder Plutonium in zwei etwa gleich große Tochternuklide sowie einzelne Neutronen. Unter bestimmten Umständen kann dies zu einer Kettenreaktion führen, wie sie bei der Explosion einer »Atombombe« oder der Energieerzeugung in einem Kernkraftwerk auftritt (s. u.).

Generell gilt bei allen Zerfallsarten und sonstigen Kernreaktionen, dass die Summe der elektrischen Ladungen aller beteiligten Teilchen vor und nach dem Ereignis gleich sein muss. Denn die Ladung ist eine Erhaltungsgröße, die niemals verloren geht oder aus dem Nichts entsteht.

Ionisierende Strahlung

Aufgrund der hohen Bindungsenergien im Atomkern werden bei allen radioaktiven Zerfallsprozessen sehr energiereiche Teilchen bzw. Strahlen freigesetzt. Beim Zusammenprall mit Atomen in organischem Material (also z. B. im menschlichen Körper) können dadurch Elektronen aus der Atomhülle herausgeschlagen werden, wichtig Biomoleküle werden ionisiert oder gar zerstört. Die Folge kann der Tod der jeweiligen Zelle sein oder – viel schlimmer – ein Genschaden und die Entstehung von Krebs. Darum ist eine wichtige Aufgabe im Strahlenschutz die Abschirmung von *ionisierender Strahlung*. Zu dieser Kategorie zählen auch die niederenergetischere Röntgen- und Ultraviolettstrahlung.

Physiker nutzten die ionisierende Wirkung von Teilchenstrahlen früher zum Nachweis dieser an sich unsichtbaren Partikel. Durchdringt nämlich radioaktive Strahlung eine Kammer mit übersättigtem Alkoholdampf, so erzeugt sie dort entlang ihrer Bahn eine Spur von Ionen, die als Kristallisationskeime für winzige Nebeltröpfchen wirken. In naturwissenschaftlich-technischen Ausstellungen, etwa im Deutschen Museum München, kann man noch heute in solchen Nebelkammern die Bahnen von Alphateilchen oder Positronen »sehen«.

Kernfusion

Welche Kräfte halten einen Atomkern eigentlich zusammen? Wir wissen, dass zwei Protonen sich elektrisch abstoßen, da sie gleichnamig geladen sind. Es gibt jedoch eine weitere, stärkere Kraft, welche alle Nukleonen sich gegenseitig anziehen lässt. Diese sog. *Kernkraft* wirkt allerdings nur bei sehr kleinen Abständen – in etwa so weit, wie ein Atomkern groß ist. Mit ihrer wahren Natur werden wir uns weiter unten beschäftigen, im Moment interessieren uns die Folgen des Wechselspiels zwischen der langreichweitigen, abstoßenden elektrischen und der kurzreichweitigen, anziehenden Kernkraft.

Eine wichtige Konsequenz ist, dass sich zwei Atomkerne, wenn sie nur dicht genug beisammen sind, so stark anziehen, dass sie zu einem einzigen, größeren Kern verschmelzen bzw. fusionieren. Dabei gewinnen zwei Deuteriumkerne mit je einem Proton und Neutron, $^{2}_{1}H$, Energie, wenn sie sich zu einem Heliumkern (zwei Protonen und zwei Neutronen, $^{4}_{2}He$) vereinigen. Denn jedes Nukleon wird im He-4-Kern von drei Nukleonen, im Deuteriumkern dagegen nur von einem angezogen. Diesem *Kernfusion* genannten Prozess steht aber die elektrische Abstoßung bei größeren Abständen entgegen. Diese muss erst durch eine erhebliche Energiezufuhr überwunden werden. Will man dies durch Erwärmen erreichen, so sind Temperaturen von über 10 Millionen Kelvin erforderlich! Aus diesem Grund sind Reaktoren, welche die Fusionsener-

Schema des pp-Zyklus, eines mehrstufigen Prozesses, durch den in der Sonne Protonen zu Helium-4-Kernen verschmolzen werden – die energetische Grundlage der Sonnenstrahlung und damit des Lebens auf der Erde!

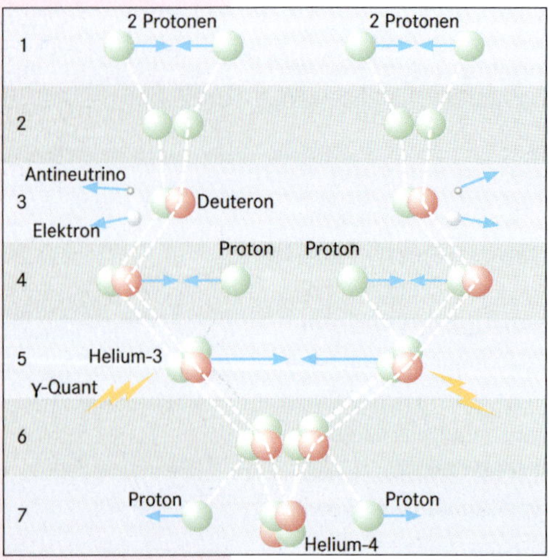

gie technisch nutzen wollen, trotz jahrzehntelanger Bemühungen noch nicht über das Forschungsstadium hinausgekommen. Es gibt allerdings ein natürliches Vorbild: die Sonne (und alle übrigen Sterne ebenso). Die Energiequelle der Sonne ist die Fusion von Wasserstoffkernen zu Helium, größere Sterne verschmelzen auch schwerere Elemente. Die benötigten Temperaturen werden im Kern aller Sterne aufgrund des unvorstellbar großen Schweredrucks leicht erreicht und überschritten.

Der Massendefekt

In der Frühzeit der Kernphysik wunderten sich die Forscher, dass dem Heliumkern eine gewisse Menge an Masse zu fehlen schien: er ist etwa 1 % leichter als zwei Deuteriumkerne, aus denen er sich durch Fusion bilden kann. Der Grund hierfür liegt in einer bahnbrechenden Erkenntnis Albert Einsteins: Masse ist eine Form von Energie – sehr prägnant drückt sich dies in der berühmten Formel $E = mc^2$ aus. Die fehlende Masse beim Heliumkern, sein *Massendefekt*, entspricht so umgerechnet genau dem Energiebetrag, den die Nukleonen durch die höhere Bindungsenergie gewinnen. Nun kann ich Sie wieder an die Rechenaufgabe aus dem Abschnitt »Kern und Hülle« erinnern. Die Summe der Massen von den 79 Protonen und 118 Neutronen eines Goldkerns beträgt 198,6 u. In physikalischen Nachschlagewerken finden Sie dagegen nur den Wert 197,0 u! Die fehlende Masse von etwa 1,6 u, der Massendefekt des Goldkerns, entspricht einer Bindungsenergie von 1488 MeV, welche ein freies Nukleon gewänne, wenn es sich einem Goldkern anschlösse.

Kernspaltung

Im letzten Abschnitt haben Sie die Bindungsenergie kennengelernt, welche die Nukleonen im Atomkern hält. Warum aber verlieren große Kerne Nukleonen durch radioaktiven Zerfall und warum gibt es überhaupt keine Kerne mit über 300 Nukleonen? Der Grund ist die kurze Reichweite der Kernkraft. Der Radius von überschweren Kernen wie Fermium (257 Nukleonen) oder Darmstadtium (269 Nukleonen) ist so groß, dass ein Nukleon nicht mehr die Kernkraft aller

Die nukleare Kettenreaktion

Als Otto Hahn und Fritz Straßmann im Winter 1938/39 erstmals eine Kernspaltung beobachteten, teilten sie dieses Ergebnis ihrer vor den Nazis geflohenen Kollegin Lise Meitner mit, die sich in Schweden im Exil befand. Die Beobachtung, dass aus einem schweren Uran-Kern mit 235 Kernbausteinen durch Beschuss mit langsamen Neutronen zwei leichtere Atomkerne entstehen, deren gemeinsame Masse deutlich kleiner ist als die des Ursprungskerns, und zudem bei der Reaktion einige Neutronen frei werden, ließ Meitner und ihren Neffen Otto Frisch den korrekten Schluss ziehen, dass bei der Kernspaltung sehr viel Energie freigesetzt wird.

Nun verstehen wir auch, wie es bei der Kernspaltung zu einer nuklearen Kettenreaktion kommen kann. Man braucht ein Neutron, um U-235 spaltbar zu machen, und erhält pro Spaltung zwei bis drei neue Neutronen. Jedes von ihnen könnte eine weitere Spaltung hervorrufen, deren Produkte wieder mehr Spaltungen usw. Ein Hindernis gibt es jedoch: Nur langsame Neutronen werden von

Die Explosionswolke der über Nagasaki am 9. August 1945 abgeworfenen Kernspaltungsbombe reichte 18 Kilometer hoch in die Atmosphäre.

U-235 eingefangen, die schnellen Spaltneutronen müssen also gebremst oder *moderiert* werden. Bei einer Menge von über etwa 50 kg Uran genügt die Abbremsung durch Stöße mit Urankernen, um die Spaltneutronen so sehr zu verlangsamen, dass sie eine weitere Spaltung auslösen können, bevor sie das Metall verlassen. Man nennt diese Menge an spaltbarem Material *kritische Masse*.

Zwischen deutschen und amerikanischen Wissenschaftlern entstand ein Wettlauf um die erste nukleare Kettenreaktion, ohne dass beide Seiten genau wussten, ob und mit welchem Fortschritt an dem Thema gearbeitet wurde. In Deutschland versuchte eine Arbeitsgruppe um Werner Heisenberg, einen »Uranbrenner« herzustellen, bei dem die Neutronen durch sogenanntes schweres Wasser kontrolliert gebremst werden sollen. Statt aus zwei Atomen Wasserstoff und einem Sauerstoff besteht schweres Wassers aus Deuterium und Sauerstoff, hat also insgesamt zwei Neutronen mehr. Die amerikanische Gruppe um Enrico Fermi bremste die Neutronen mit Graphit ab. Letztlich gelang der Fermi-Gruppe in Chicago die erste nukleare Kettenreaktion am 2. Dezember 1942.

Bevor jedoch ein erstes nukleares Kraftwerk mit kontrollierter Kettenreaktion gebaut wurde, entwickelten Physiker in Los Alamos (New Mexico) unter Leitung von J. Robert Oppenheimer – getrieben durch ihren eigenen Ehrgeiz und den Zweiten Weltkrieg – die Atombombe. Am 16. Juli 1945 wurde der erste Kernwaffenversuch gezündet, am 6. und 9. August 1945 explodierte über den japanischen Städten Hiroschima und Nagasaki je eine Bombe. In den beiden Städten starben dadurch sofort sowie an den Spätfolgen der radioaktiven Strahlung nach verschiedenen Angaben zwischen 265 000 und 700 000 Menschen.

anderen spürt, sondern nur noch von denen aus seiner näheren Umgebung. Andererseits wirkt aber auf jedes Proton die elektrische Abstoßung aller anderen Protonen, da ja die elektrische Kraft beliebig weit wirkt. Es gibt somit eine optimale Größe für Atomkerne, bei der sie genügend Nukleonen für eine starke Anziehung durch die Kernkraft enthalten, aber noch nicht zu groß sind, um noch jedes Nukleon die Anziehung aller anderen spüren zu lassen. Dieses Optimum liegt beim Kern Eisen-56 ($^{56}_{26}Fe$), hier beträgt die Bindungsenergie eines Nukleons über 9 MeV, etwa sechsmal mehr als im Goldkern.

Aus diesem Grund ist für bestimmte schwere Kerne die Spaltung in zwei mittelschwere Fragmente eine echte Alternative zum Alpha- oder Betazerfall. Bei Letzteren entsteht ja wiederum ein kaum leichterer Tochterkern mit immer noch niedriger Bindungsenergie. Die Spaltprodukte haben dagegen erheblich höhere Energien pro Nukleon. Gegen die Spaltung spricht, dass es für den Kern (energetisch) aufwendiger ist, in der Mitte durchzureißen als ein Elektron oder ein paar Randnukleonen abzugeben.

Das bekannteste Element, bei dem die Kernspaltung ein energetisch günstiger Zerfallsweg ist, ist sicherlich das Uran (U). Allerdings sind nicht alle Isotope spaltbar, sondern v. a. das instabile Isotop Uran-236. Natürliches Uran dagegen besteht zu über 99 % aus U-238 und knapp 1 % aus U-235. Fängt nun ein U-235-Kern ein Neutron ein, so wird er zu U-236 (die Nukleonenzahl nimmt um 1 zu, die Protonenzahl bleibt gleich). Dieser spaltet sich umgehend in zwei etwa gleich große mittelschwere Nuklide (nicht immer die gleichen), z. B. Barium (56 Protonen) und Krypton (36 Protonen). Außerdem entstehen noch zwei oder drei freie Neutronen mit recht hoher Bewegungsenergie. Genau wie bei der Fusion leichter Elemente wird bei der Spaltung schwerer Kerne Energie frei, im Wesentlich in Form der »heißen« freien Neutronen.

Kernkraftwerke

Ein Kernkraftwerk arbeitet nach dem gleichen technischen Prinzip wie ein Kohle- oder Gaskraftwerk: Eine Wärmequelle heizt ein Kühlmittel auf, bis es verdampft. Dieser Dampf treibt eine Turbine an, deren Rotationsbewegung von einem elektrischen Generator in elektrische Energie umgesetzt wird. Der Generator ist dabei nichts wesentlich anderes als ein sehr großer Fahrraddynamo.

Während in einem Kohlekraftwerk die chemische Reaktion bei der Verbrennung von Kohlenstoff zu Kohlenstoffdioxid die Verdampfungswärme liefert, leistet dies in einem Kernkraftwerk die bei der Kernspaltung freigesetzte Energie. Kernkraftwerke benötigen im Vergleich zu Kohle- oder Gaskraftwerken sehr wenig Brennstoff, da sie nicht chemische Energie – im Wesentlichen Bindungsenergie von Elektronen in der Größenordnung einiger eV, sondern die millionenfach größere Kernbindungsenergie nutzen. Ein Kilogramm umgesetztes Uran hat den Energiegehalt von 2500 Tonnen Steinkohle. Allerdings enthält ein Brennstab nur etwa 3,5 % spaltfähiges Uran-235, und von diesem werden auch nur etwa zwei Drittel gespalten, daher entspricht ein Kilogramm Kernbrennstab etwa 50 Tonnen Steinkohle. Abgebrannte Kernbrennstäbe sind hochradioaktiv – ein Konzept zur ihrer Entsorgung existiert weltweit noch nicht. Auch der Betrieb von Reaktoren ist nicht ungefährlich: Versagt die Kühlung, dann kann es – wie 1986 in Tschernobyl – zur Kernschmelze kommen. Und bei denkbaren Terroranschlägen wären weite Bereiche um ein Kernkraftwerk durch radioaktive Isotope kontaminiert.

Kernreaktoren werden auch zu wissenschaftlichen Zwecken eingesetzt. Hier dienen sie v. a. als Quelle von Neutronen, eine Energiegewinnung (d. h. die Bereitstellung elektrischer Nutzenergie) findet nicht statt. Ein prominentes Beispiel für solch einen Forschungsreaktor für die Neutronenforschung befindet sich in

Teilchenbeschleuniger

Um das Innere der Atomkerne und ihrer Bestandteile zu erforschen, haben Physiker seit Mitte des 20. Jahrhunderts zahlreiche Teilchenbeschleuniger konstruiert. Dies sind Apparate, in denen Atomkerne oder Elektronen auf extrem hohe Geschwindigkeiten knapp unter Lichtgeschwindigkeit gebracht werden. (Die Lichtgeschwindigkeit ist nach Albert Einstein die höchste erreichbare Geschwindigkeit.)

Diese enorme Beschleunigung wird durch starke elektrische Felder erreicht, weswegen Neutronen auf diese Weise nicht untersucht werden können. Einfache Teilchenbeschleuniger sind übrigens auch der klassische Röhrenfernseher und der CRT-Computermonitor. In ihnen wird ein Elektronenstrahl von einer elektrischen Spannung von einigen Kilovolt beschleunigt. Die Energie, die dabei ein einzelnes Elektron erhält, beträgt dementsprechend einige Kiloelektronenvolt (keV). Ein Elektron mit einer kinetischen Energie von 1 keV ist bereits 18 000 m/s schnell und erreicht damit 6 % der Lichtgeschwindigkeit.

Frühe Beschleuniger waren als *Zyklotron* ausgeführt. Hier wird ein Elektronenstrahl durch Magnete auf eine Kreisbahn gelenkt, die an zwei Stellen unterbrochen ist. Dort beschleunigen elektrisch geladene Platten die Elektronen. Auf diese Weise können einige hundert MeV Teilchenenergie erreicht werden. Da allerdings die Teilchenbahnen mit zuneh-

Ablenkmagnete im Beschleunigertunnel des CERN in Genf

mender Energie immer größer werden, stößt ein Zyklotron bald an seine Leistungsgrenze. In einem *Synchrotron* wird der Teilchenstrahl während des gesamten Beschleunigungsprozesses auf derselben Bahn gehalten. Dazu werden die elektromagnetischen Felder während des Beschleunigungsprozesses kontinuierlich angepasst bzw. »synchronisiert«. Der Synchrotron-Beschleuniger HERA am Hamburger Forschungszentrum DESY war von 1990 bis 2007 im Betrieb und erreichte Energien von 27,5 GeV für Elektronen und 920 GeV für Protonen. Noch höhere Energien erreichten später das Tevatron in den USA und voraussichtlich ab Sommer 2009 der LHC in Genf mit 14 TeV.

Die Experimente in der Hochenergiephysik bestehen in gezielten Kollisionen der so beschleunigten Teilchen. Die gewaltigen Energiedichten beim Zusammenprall ermöglichen die Erzeugung neuer Teilchenarten, welche in der alltäglichen Materie unserer Umgebung so nicht beobachtet werden können. Die Faustregel dabei ist: je höher die Energie, desto schwerere Teilchen können entstehen und desto kleinere Abstände lassen sich untersuchen. Hierzu müssen allerdings dann auch immer größere Beschleunigeranlagen und Nachweisgeräte konstruiert werden. Der größte Detektor am LHC, ATLAS, ist ein Zylinder mit 46 m Länge und 25 m Durchmesser, vollgestopft mit komplizierten Sensoren und Elektronik.

Seine Grenzen findet ein Ringbeschleuniger zum einen darin, dass die Feldstärken der Ablenkmagnete nicht beliebig gesteigert werden können, und zum anderen in der sog. *Synchrotronstrahlung*. Geladene Teilchen senden auf gekrümmten Bahnen beständig elektromagnetische Wellen aus, die bei den extrem hohen Energien heutiger Beschleuniger zum dominanten Energieverlust werden. Übrigens wird die Synchrotronstrahlung manchmal auch gezielt erzeugt, um als Sonde für Materialuntersuchungen oder die medizinische Diagnostik zu dienen. Diese Beschleuniger besitzen keine Einrichtungen für Teilchenkollisionen, sondern sind auf die Erzeugung von besonders hochwertigem Synchrotronlicht hin optimiert. In der Hochenergiephysik setzt man dagegen für die nächste Beschleunigergeneration auf »Linearbeschleuniger«, an denen keine Synchrotronstrahlung auftritt.

München-Garching. Die erste, dort bereits 1957 installierte Anlage trug wegen der ungewöhnlichen Form des Reaktorgebäudes den Spitznamen »Atom-Ei«. Der Nachfolger FRM-II (Forschungsreaktor München II) ging 2004/05 in Betrieb.

Quarks

Von den Atomen sind wir bisher über die Atomkerne bis zu den Nukleonen Proton und Neutron gelangt. Damit ist aber noch nicht das Ende der Fahnenstange erreicht – auch Proton und Neutron besitzen eine innere Struktur aus noch kleineren Partikeln, wie man seit den 1960er-Jahren weiß. Und nicht nur das, sondern man entdeckte auch einen ganzen Zoo von verwandten kurzlebigen Teilchen, der zunächst nur in zwei Gruppen klassifiziert werden konnte: die schweren *Baryonen* (von griechisch »barys«, schwer), zu denen auch die Nukleonen zählen, und die leichteren *Mesonen* (griechisch »mesos«, der mittlere). Noch wesentlich leichter waren Elektron und Neutrino, sie wurden deshalb *Leptonen* genannt (griechisch »leptos«, leicht; s. u.). Aufgefunden wurden diese Partikel in Kollisionsexperimenten an Teilchenbeschleunigern, bei denen die Stoßenergie der Geschosse nach Einsteins Masse-Energie-Beziehung zur Erzeugung neuer Teilchen diente.

Eine der genialsten Geistesleistungen der 1960er-Jahre war die Erkenntnis, dass die weit über hundert Mesonen und Baryonen alle aus nur einer kleinen Zahl von verwandten Bausteinen aufgebaut sind – den *Quarks*. Es gibt insgesamt sechs Quarks, die sich zu drei Paaren oder Familien zusammenfinden: »Up« (u) und »Down« (d), »Charm« (c) und »Strange« (s) sowie »Top« (t) und »Bottom« (b). Das schwerste Quark, das Top-Quark, wurde erst im Jahr 1995 am damals größten Beschleuniger der Welt, dem in der Nähe von Chicago gelegenen Tevatron nachgewiesen. Es hat eine Masse von $172{,}5 \pm 2{,}7$ GeV/c^2 und ist damit fast so schwer wie ein Gold-Atom. Die elektrische Ladung eines Quarks beträgt bei u, c und t genau +2/3 der Elementarladung (+2/3 e), bei c, s und b sind es −1/3 e. Die jeweiligen Antiteilchen weisen gerade die entgegengesetzte Ladung −2/3 e bzw. +1/3 e auf.

Außer ihrer elektrischen Ladung sowie Masse und Drehimpuls haben Quarks noch eine weitere Eigenschaft, die sog. Farbladung. Diese ist die Quelle der Kernkraft, welche die Nukleonen zusammenhält, ähnlich wie die elektrische Ladung Ursache des Elektromagnetismus ist und die Masse die der Schwerkraft. Während aber elektrische Ladung nur zwei Formen (+ und −) annimmt und die Masse nur eine einzige, tritt die Farbladung in drei Arten auf, nämlich »rot«, »grün« oder »blau«. Man darf sich darunter aber keine echten Farben vorstellen. Man hätte die drei Ladungen ebenso gut »Tick«, »Trick« und »Track« nennen können. Die Elementarteilchenphysiker haben sich allerdings von einer Analogie leiten lassen. Verbinden sich nämlich je ein rotes, grünes und blaues Quark, dann sind sie zusammen nach außen »farbneutral« oder »weiß«, genau wie in der Farbenlehre der Optik. Hier endet die Analo-

Murray Gell-Mann

Der Physiker Murray Gell-Mann (* 1929) schlug Anfang der 1960er-Jahre das Quarkmodell vor (sein Kollege George Zweig kam unabhängig von ihm auf dieselbe Idee). 1969 wurde Gell-Mann für seine Verdienste um die Elementarteilchenphysik mit dem Physik-Nobelpreis ausgezeichnet. Gell-Mann war es auch, der den Quarks zu ihrem Namen verhalf. Er fand den Ausdruck »Quark« in dem Roman »Finnegans Wake« von James Joyce. Der Legende nach gefiel ihm der Klang des von Joyce erdachten Wortes. »Quark« ist also ein Eigenname wie »Leon« oder »Gold« und nicht weiter übersetzbar.

Gell-Mann beim Signieren seines Buchs »Das Quark und der Jaguar« auf der Leipziger Buchmesse

Warum sind alle Mesonen und Baryonen farbneutral? Oder anders ausgedrückt: warum gibt es keine freien Farbladungen und damit auch keine *freien Quarks*? Vereinfacht ausgedrückt liegt dies daran, dass die Anziehung zwischen Farbladungen mit wachsendem Abstand zunimmt. Schon in etwa einem Protonendurchmesser Entfernung ist sie so stark, dass ihre Energie ausreicht, um nach der Masse-Energie-Äquivalenz Quark-Antiquark-Paare zu erzeugen, welche sofort farbneutrale Mesonen mit jedem freien Quark bilden würden.

gie aber auch schon, denn anders als in der Optik gibt es bei Quarks auch »Antifarben«, also »antirot«, »antigrün« und »antiblau«. Auch »antirot«, »antigrün« und »antiblau« zusammen genommen sind wieder farbneutral, ebenso »antirot« und »rot« usw.

Die Regeln für das Zusammensetzen von Quarks zu Mesonen und Baryonen sind nun relativ einfach:

- Alle Mesonen und Baryonen sind farbneutral und ihre elektrische Ladung ist 0, $\pm e$ oder $\pm 2e$ (e ist die Elementarladung).
- Mesonen bestehen aus zwei Quarks. Um farbneutral zu sein, müssen diese jeweils Farbe und passende Antifarbe tragen (z. B. »rot« und »antirot«). Die elektrische Ladung eines Mesons ist immer 0 oder $\pm e$.
- Baryonen enthalten drei Quarks mit jeweils verschiedener Farbe oder Antifarbe. Treffen drei Quarks mit Ladung $+2/3\ e$ ($-2/3\ e$) zusammen, haben sie die Ladung $+2e$ ($-2e$), sonst beträgt ihre Ladung ebenfalls 0 oder $\pm e$.

Bauen wir uns nun als Beispiel ein Proton und ein Neutron zusammen. Um die Ladung +1 (den Faktor e lassen wir ab jetzt fort) eines Protons zu erreichen, benötigen wir 2 Quarks mit Ladung »+2/3«, also zwei Down-Quarks, und ein Up mit Ladung »–1/3«. Für ein Antiproton nehmen wir entsprechend zwei Anti-Downs und ein Anti-Up. Ein Neutron wird zusammengesetzt aus einem Down-Quark und zwei Up-Quarks, das ergibt $+2/3 - 2 \times (-1/3) = 0$, wie es für das elektrisch neutrale Neutron auch sein muss. Die Farbladungen der Quarks von Proton und Neutron müssen rot, blau, und grün sein, beim Antiproton wären es antirot, antigrün und antiblau. Es gibt übrigens auch ein elektrisch ebenfalls neutrales Antineutron, das aus einem Anti-Down- und zwei Anti-Up-Quarks besteht.

Das leichteste, langlebigste und daher auch häufigste Meson ist das »Pion« (π). Genauer gesagt gibt es drei Pionen, π^+, π^0 und π^-. Das π^0 besteht aus einem

Up- und einem Anti-Up-Quark und hat somit die Ladung Null. Das π^- enthält ein Anti-Up und ein Down (Ladung: $-2/3 + (-1/3) = -1$), das π^+ ein Anti-Down und ein Up (Ladung $+1$). Schwerere Mesonen bestehen entweder aus Quarkpaaren, die verschiedenen Familien angehören (etwa Up und Strange), oder Quark-Antiquark-Paaren derselben Quarksorte (z. B. Charm/Anti-Charm).

Leptonen

Kommen wir jetzt zu den Leptonen zurück, dem Elektron (e^-) und dem beim radioaktiven Betazerfall erwähnten Neutrino (auch Elektron-Neutrino, ν_e). Anders als etwa das Proton sind diese auch nach heutigem Wissenstand tatsächlich Elementarteilchen ohne innere Struktur. Sie bilden zusammen mit ihren Antiteilchen Positron (e^+) und Antineutrino ($\bar{\nu}_e$) eine Familie genau wie Up- und Down-Quark. Und nicht nur dies, auch hier gibt es noch genau zwei weitere Familien instabiler Teilchen mit größerer Masse und kurzer

Antiteilchen werden durch ein überstrichenes Symbol dargestellt: »p« ist ein Proton, »$\bar{p}$« ein Antiproton.

Das Standardmodell der Teilchenphysik

Die je sechs Quarks und Leptonen sowie ihre Antiteilchen sind die Grundbausteine der gesamten bekannten Materie – sieht man von der ominösen Dunklen Materie der Kosmologen ab, die wir im übernächsten Kapitel kennenlernen werden. Quarks bilden Nukleonen und diese Atomkerne, Elektronen die Hülle der Atome. Die Tabelle gibt einen Überblick über die elementaren Bausteine der Natur. (Für die Massen der Neutrinos können derzeit nur Obergrenzen angegeben werden, sie sind aber definitiv größer als null.)

Quarks			Leptonen	
Ladung +2/3 *e*	Ladung −1/3 *e*		Ladung −1 *e*	Ladung 0
Up 1,5–4 MeV/c^2	Down 4–8 MeV/c^2	1. Familie	Elektron 511 keV/c^2	Elektron-Neutrino < 20 eV/c^2
Charm ≈ 1,25 GeV/c^2	Strange ≈ 105 MeV/c^2	2. Familie	Myon 105,66 MeV/c^2	Myon-Neutrino < 170 keV/c^2
Top ≈ 178 GeV/c^2	Bottom ≈ 4,8 GeV/c^2	3. Familie	Tau 1777 MeV/c^2	Tau-Neutrino < 15,5 MeV/c^2

Elektrische Ladung und Masse von Quarks und Leptonen, den derzeit bekannten elementaren Bestandteilen der Materie

Lebensdauer. Dies sind als zweite Familie das Myon (μ^-), dem wir bei der Relativitätstheorie als »Kronzeuge« für die Verlangsamung der Zeit in bewegten Systemen wiederbegegnen werden, und das sog. Myon-Neutrino (ν_μ) sowie die jeweiligen Antiteilchen (μ^+, $\bar{\nu}_\mu$). Die dritte Familie bildet das Tauon (τ^-) mit dem Tau-Neutrino und den zugehörigen Antiteilchen.

Leptonen sind nicht nur leichter als die aus Quarks zusammengesetzten Partikel, sondern sie sind auch durchweg farbneutral. Elektron, Myon und Tauon haben alle die elektrische Ladung $-e$ (Antiteilchen: $+e$), die Neutrinos sind auch elektrisch neutral und daher extrem reaktionsträge. Jede Sekunde wird Ihr Daumennagel von etwa 60 Milliarden Neutrinos durchflogen. Doch im Laufe Ihres gesamten Lebens reagiert wahrscheinlich nicht einmal ein einziges dieser Neutrinos mit einem Atomkern Ihres Daumens!

Austauschteilchen und Kräfte

Wir haben schon mehrfach angesprochen, dass Licht (und damit alle elektromagnetischen Wellen) für die moderne Physik auch Teilcheneigenschaften aufweist, und diese Lichtteilchen als *Photonen* bezeichnet. Sie haben im Weltbild der heutigen Physik eine ganz besondere Aufgabe: Jede elektromagnetische Kraftwirkung bedeutet auf der Ebene der Elementarteilchen, dass Photonen zwischen den wechselwirkenden Partikeln ausgetauscht werden. Je stärker die Wechselwirkung, desto mehr Energie haben die übertragenen Photonen. Aus diesem Grund nennt man das Photon auch das *Austauschteilchen* der elektromagnetischen Wechselwirkung. Im Detail werden wir hierauf im folgenden Kapitel zurückkommen. Hier interessiert uns das Photon v. a. deshalb, weil wir die Liste der fundamentalen Bausteine der Natur komplettieren wollen.

Ist das Photon ein Sonderfall? Nein, alle elementaren Wechselwirkung in der Natur geschehen mithilfe von Austauschteilchen. Die Austauschpartikel der

Farb- oder Kernkraft, welche nur die Quarks mit ihrer Farbladung spüren, heißen »Gluonen«. Dieses Kunstwort ist an das englische Wort »glue« für Kleber angelehnt. Anders als das elektrisch neutrale Photon haben Gluonen selbst eine Farbladung, was letztlich dazu führt, dass die Farbkraft mit dem Abstand stärker wird (es entstehen immer mehr untereinander wechselwirkende Gluonen) und freie Quarks in der Natur nicht vorkommen (wir haben dies oben ja schon erwähnt). Wie das Photon sind die Gluonen masselos.

Zwar nimmt die Stärke der Farbkraft mit dem Abstand zu. Trotzdem ist ihre Reichweite sehr gering. Sie heißt auch »starke Wechselwirkung«.

Neutrinos sind, wie gesagt, elektrisch und farbneutral. Dennoch können sie an Kernreaktionen teilnehmen. Es gibt nämlich eine dritte Grundkraft der Natur, die – wenig fantasievoll – »schwache Wechselwirkung« heißt, da die von ihr ausgelösten Prozesse verglichen mit der elektromagnetischen und der Kernkraft deutlich weniger energiereich sind. Ihr unterliegen alle Quarks und Leptonen, also auch die Neutrinos. Die bekannteste Wirkung der schwachen Wechselwirkung ist der Betazerfall. Sie ist darüber hinaus die einzige Möglichkeit, Quarks in Leptonen (und zurück) zu verwandeln. Die Austauschteilchen der schwachen Grundkraft heißen Vektorbosonen, es gibt ein »Z^0«-, ein »W^-«- und ein »W^+«-Vektorboson. Beim Neutronenzerfall entstehen demnach Elektron und Anti-Neutrino nicht unmittelbar aus dem Neutron, sondern dieses sendet zunächst ein W^- aus, das dann unmittelbar darauf in Elektron und Anti-Neutrino zerfällt. Anders als ihre Verwandten besitzen diese Austauschpartikel eine Masse, sie liegt etwas unter 100 GeV/c^2. Dies führt dazu, dass die schwache Wechselwirkung wie die Farbkraft (aber aus einem anderem Grund!) nur auf sehr kurzen Abständen wirksam ist.

Als letzte Kraft in der Natur bleibt die Schwerkraft. Es gibt zwar noch keine Quantentheorie der Gravitation, doch kann man schon jetzt Aussagen über das zugehörige Austauschteilchen machen. Das »Graviton« müsste wie das Photon masselos sein, da auch die

Austauschteilchen	Wechselwirkung	Abkürzung	Masse
Photon	Elektromagnetismus	γ	0
Gluonen	Farbkraft (Kernkraft)	g	0
Vektorbosonen	Schwache Wechselwirkung	Z^0, $W^\pm$	≈80 GeV/c^2 (W), ≈91 GeV/c^2 (Z)
Graviton (hypothetisch)	Gravitation (Schwerkraft)	G	0

Übersicht über die Austauschteilchen der vier Fundamentalkräfte

Gravitation eine unendliche Reichweite hat. Es müsste zu dem elektrisch und farbneutral sein. Außerdem sollte das Graviton mit jeder, auch noch so exotischen Art von Materie in Wechselwirkung treten können, da jede Masse die Schwerkraft spürt.

Antimaterie

Kommen wir zum Schluss noch einmal auf die schon mehrfach erwähnten *Antiteilchen* zurück. Wie wir bei Elektron und Positron sowie den Quarks gesehen haben, besitzen sie jeweils eine umgekehrte elektrische und Farbladung, ansonsten aber genau die gleiche Eigenschaften. Wenn Antiteilchen auf ihre normalen Geschwister treffen, dann reagieren sie sofort sehr heftig: Beide zerstrahlen unmittelbar in Gammastrahlung. Dabei wird ihre Masse komplett in Energie umgewandelt, Einsteins Formel $E = mc^2$ kommt vollständig zur Anwendung.

Glücklicherweise gibt es um uns herum normalerweise keine Antiteilchen. In Kernreaktionen entstehen sie aber durchaus, sie können somit für kurze Zeit im Labor gezielt erzeugt werden. Die Produktion von Antiwasserstoff, bei dem ein Antiproton als Kern von einem Positron (Antielektron) umkreist wird, ist 1995 am CERN erstmals gelungen. Seitdem wurden die Herstellungsmethoden kontinuierlich verbessert. Im Jahr 2002 konnten bei einem Beschleunigerexperiment etwa 50 000 Atome Antiwasserstoff hergestellt und dann mit Magnetfeldern eingefangen und gekühlt werden, bevor sie durch Kontakt mit normaler Materie nach und nach zerstrahlten.

Beim Zerstrahlen von 50 000 Antiwasserstoff-Atomen und 50 000 normalen Wasserstoff-Atomen wird eine Energie von etwa 10 TeV frei, für atomare Maßstäbe eine beeindruckende Zahl! Dies sind allerdings nur etwas weniger als zwei Millionstel Joule. Da die Herstellung erheblich größerer Mengen von Antiwasserstoff einen unvorstellbar hohen Aufwand bedeuten würde, ist der Bau einer Antimateriebombe, wie sie der Romanautor Dan Brown in seinen »Illuminati« am CERN geschehen lässt, praktisch unmöglich.

Bisher haben wir es geschafft, uns alle Phänomene bis herunter zu den Elementarteilchen mit der Vorstellung von wechselwirkenden »Kügelchen« zu veranschaulichen, welche den vertrauten mechanischen Gesetzen gehorchen. Einige Lücken im Gedankenbild hat es allerdings schon gegeben: Warum kann man nicht vorhersagen, *welcher* Atomkern einer radioaktiven Probe spontan zerfällt, wenn man doch weiß, dass nach zehn Halbwertszeiten 99,9 % der Kerne zerfallen sind? Warum entsteht bei der radioaktiven Strahlung Gammastrahlung und nicht einfach sehr viel *sichtbares* Licht? Warum können sich Elektronen auf Dauer in der Atomhülle aufhalten, obwohl sie der Atomkern so stark anzieht? Und warum strahlt die Sonnenoberfläche so viel kurzwelligere Wärmestrahlung – nämlich Licht – ab als die vergleichsweise kühle Erde? Die Antworten auf diese und unzählige weitere Fragen liefert die Quantenmechanik. Ihre begrifflichen Konsequenzen sind mit unserer Anschauung manchmal so gar nicht in Einklang zu bringen – doch ihre Vorhersagen sind von beeindruckender Exaktheit und wurden in allen bisher durchgeführten Experimenten glänzend bestätigt.

Schwarze Körper

Es gibt viele Wege in die geheimnisvolle Welt der Quantentheorie. Ich habe mich entschieden, mit Ihnen den Weg zu gehen, auf dem die Physiker des ausgehenden 19. Jahrhunderts dorthin gelangt sind – obwohl sie kaum eine Vorstellung davon hatten, was auf sie zukommen würde!

Ausgangspunkt der Reise ist der sog. *schwarze Körper*. Bei dieser idealisierten physikalischen Modellvorstellung (vergleichbar mit dem früher erwähnten »idealen Gas« oder der »idealen Wärmekraftmaschine«) gab es in der ansonsten abgeschlossenen und akzeptierten Theorie der Wärme eine gewisse Unstimmigkeit. Neben anderen hatte sich auch der Physiker Max Planck (1858–1947) deren Aufklärung verschrieben. Um eine

Vorstellung von solch einem ideal schwarzen Körper zu bekommen, denken Sie sich einen Körper, der alle auf ihn treffende Strahlung »verschluckt« (absorbiert). Nichts wird reflektiert und nichts durchgelassen. Dadurch heizt der Körper sich auf und gibt dann eine seiner Temperatur entsprechende Wärmestrahlung an die Umgebung ab. Eine gute Realisierung eines schwarzen Körpers ist ein Hohlraum mit schwarzen Wänden, weswegen seine Wärmestrahlung nicht nur *Schwarzkörperstrahlung*, sondern oft auch »Hohlraumstrahlung« genannt wird. Auch viele alltägliche Gegenstände wie Glühlampen, Heizungen oder Menschen ähneln in ihrer Wärmestrahlung der Ausstrahlung des idealen schwarzen Körpers recht gut.

Viele Experimente haben gezeigt, dass die Wellenlänge, bei der die Wärmestrahlung eines schwarzen Körpers am stärksten ist, direkt von seiner Temperatur abhängt. Für die Physik ist außer der am stärksten vertretenen Wellenlänge im Spektrum der Schwarzkörperstrahlung auch interessant, welche Form dieses Spektrum insgesamt hat, also die Frage, wie viel Strahlung ein schwarzer Körper mit gegebener Temperatur bei welcher Wellenlänge aussendet. Und genau diese Frage stellte in den 1890er-Jahren ein ungelöstes physikalisches Problem dar. Ein Erklärungsansatz schaffte es, den langwelligen Bereich des Spektrums zu erklären, ein anderer erklärte nur den kurzwelligen Bereich. Leider widersprachen sie sich beide und versagten jeweils am anderen Ende des Spektrums. Im Jahr 1900 veröffentliche Max Planck schließlich eine Erklärung der Schwarzkörperstrahlung, die auf einem revolutionär neuen Konzept fußte: Er machte die »rein formale Annahme«, wie er es selbst formulierte, dass Strahlungsenergie nur in ganz bestimmten Mengen oder *Quanten* von den Wänden des schwarzen Körpers aufgenommen oder abgegeben werden kann. Er hatte dafür keinerlei physikalische Erklärung – konnte aber auf diese Weise das Spektrum erklären.

Ein schwarzer Körper ist nur bei Raumtemperatur und nur im sichtbaren Bereich »schwarz«, da alles einfallende Licht verschluckt wird. Im Infraroten dagegen strahlt er besonders gut, da er ja maximal viel einfallendes sichtbares Licht als infrarote Wärmestrahlung wieder abgibt.

Planck formulierte ein Gesetz, dessen fundamentale Bedeutung sich erst in den folgenden Jahren herausstellen sollte. Und zwar ist die Energie *E* eines Strahlungspakets direkt proportional zur Frequenz *f* der Strahlung:

$$E = h \times f$$

Der Proportionalitätsfaktor *h* ist die *Planck-Konstante*, auch *Plancksches Wirkungsquantum* genannt. Sie hat den extrem kleinen Wert $6{,}626 \times 10^{-34}$ Js, ihre Dimension ist die einer *Wirkung* (Energie mal Zeit). Mit Plancks Formel ergibt sich beispielsweise die Energie eines Quants grünes Licht (Wellenlänge: ca. 0,5 µm, Frequenz: ca. 6×10^{14} Hz) zu

$$6{,}6 \times 10^{-34}\ \text{Js} \times 6 \times 10^{14}\ \text{Hz} = 4 \times 10^{-19}\ \text{J} = 2{,}5\ \text{eV}$$

(»eV« ist die Einheit Elektronenvolt, aus dem Kapitel über Atome und Elementarteilchen).

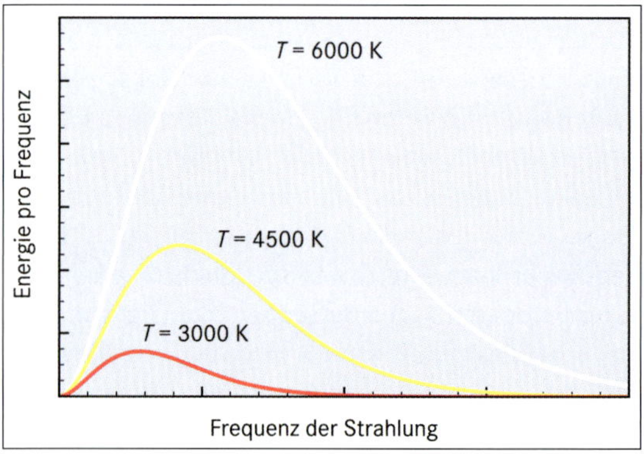

Schwarzkörperspektrum eines ideal schwarzen Körpern bei drei verschiedenen Temperaturen. Man sieht, dass (1) das Strahlungsmaximum des wärmsten Körpers bei höheren Frequenzen, also im blauen Bereich liegt und (2) die vom wärmeren Körper ausgesandte Energie bei jeder Frequenz bzw. Wellenlänge größer ist als beim kälteren.

Der Photoeffekt

Fünf Jahre nach Plancks Lichtquantenhypothese veröffentlichte Albert Einstein (1879–1955) die Erklärung für den sog. Photoeffekt und schuf damit – auch er ohne dies beabsichtigt zu haben – einen weiteren Meilenstein auf dem Weg zur Quantenphysik. Übrigens erhielt er seinen Nobelpreis im Jahr 1919 für diese Leistung und nicht für die ebenfalls 1905 publizierte Relativitätstheorie.

Der Versuch, um den es hier geht, ist in seinem Aufbau sehr einfach, seine Interpretation jedoch ähnlich revolutionär wie Plancks Hypothese fünf Jahre zuvor. Eine Metallplatte und ein Metallgitter werden in einem evakuierten Glaskolben eingeschlossen (also unter Luftentzug). Zwischen Platte und Gitter kann eine elektrische Spannung angelegt werden und ein Strommessgerät zeigt an, ob im Kolben zwischen Gitter und Platte ein Strom fließt.

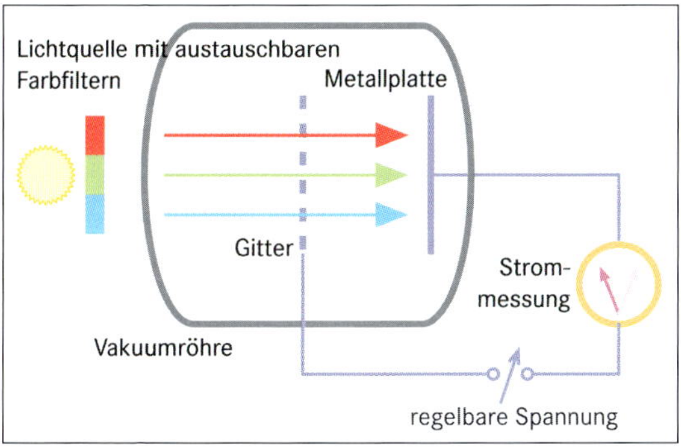

Versuchsaufbau zum Nachweis des Photoeffekts

Ohne weitere äußere Einflüsse fließt natürlich kein Strom zwischen Platte und Gitter, da es keine leitende Verbindung und wegen des Vakuums im Kolben auch keinerlei Ladungsträger gibt. Beleuchtet man die Platte mit rotem Licht, so fließt ebenfalls kein Strom, ganz egal, wie stark die rote Lampe leuchtet. Wenn jedoch statt rotem blaues Licht verwendet wird, dann ist plötzlich ein Ausschlag am Strommessgerät zu sehen – dies ist der *»Photoeffekt«*. Selbst schwaches blaues Licht ist im Gegensatz zum roten in der Lage, Elektronen aus der Metallplatte herauszuschlagen. Diese wandern aufgrund der elektrischen Spannung zum Gitter und stellen damit einen messbaren elektrischen Strom dar. Offenbar bringt bereits eine kleine Menge blaues Licht die für das Herausschlagen des Elektrons

Das Wort »Quant« kommt vom lateinischen Fragewort »quantum«, was »wie groß« oder »wie viel« bedeutet.

notwendige Energie auf, rotes Licht dagegen niemals. Dies bestätigt zum einen Plancks Gesetz $E = h \times f$, nach dem höherfrequentes Licht energiereicher ist. Zum anderen bedeutet es aber auch, dass das Licht sich in diesem Fall nicht wie eine klassische Welle verhält. Die von einer Welle transportierte Energie wächst nämlich mit der Intensität, weswegen rotes Licht ab einer gewissen Intensität ebenfalls genügend Energie haben müsste, um Elektronen aus der Platte zu schlagen. Da dem nicht so ist, muss man zumindest in diesem Experiment das Licht als einen Strom von »Lichtteilchen« ansehen. Ob ein solches Lichtquant ein Elektron herauslösen kann, entscheidet seine Energie und nicht die Anzahl der mitreisenden weiteren Quanten.

Die Strahlung ist quantisiert

Plancks Erklärung der Schwarzkörperstrahlung wie auch Einsteins Deutung des Photoeffekts zeigen: Jede elektromagnetische Strahlung ist aus diskreten Paketen mit jeweils eigenem Energiegehalt zusammengesetzt. Ein solches Lichtquant oder Lichtteilchen wird *Photon* genannt, und es kann seine Energie, wenn es sie an ein Elektron, Atom oder Molekül abgibt, nur komplett oder gar nicht abgeben. Diese wiederum können Strahlungsenergie nur in bestimmten Paketen aufnehmen oder abgeben. Zu beschreiben und exakt zu berechnen, wie groß diese Pakete sind, ist eine der großartigen Leistungen der Quantenmechanik.

Um die gleiche Menge an Strahlungsenergie zu transportieren, braucht man doppelt so viele rote (Wellenlänge: 800 nm, Frequenz: $3{,}6 \times 10^{14}$ Hz, Energie: 1,5 eV) wie blaue (Wellenlänge: 400 nm, Frequenz: $7{,}2 \times 10^{14}$ Hz, Energie: 3 eV) Photonen. Ein Prozess wie das Herauslösen eines Elektrons aus einem Atom, der 2 eV Energie erfordert, kann aber dennoch nur von blauen Photonen eingeleitet werden.

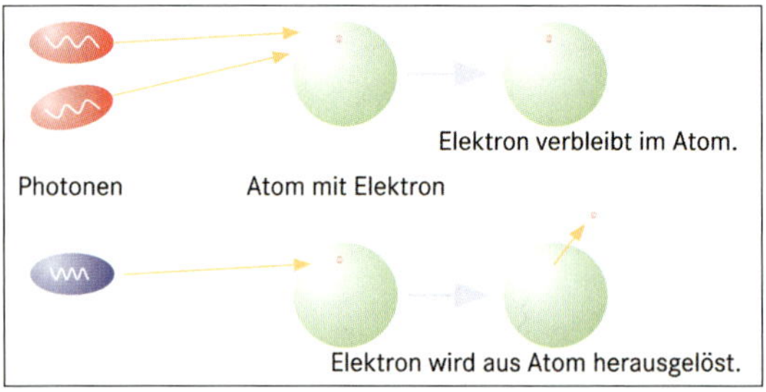

Warum merken wir im Alltag nichts von dieser Quantisierung? Es ist schließlich so – das haben wir im Kapitel über die Mechanik gesehen –, dass die Beschleunigung eines Autos oder eines Fahrrads ganz allmählich vonstatten geht. Ein Fahrzeug nimmt keine »Bewegungsenergiequanten« auf und ändert dann seine Geschwindigkeit in Sprüngen von z. B. 5 km/h. Letztendlich liegt dies daran, dass die Energiequanten, die ausgetauscht werden können, ganz unvorstellbar klein sind. Um ein Fahrrad zu beschleunigen, werden pro Sekunde so gigantische Mengen an Quanten ausgetauscht, dass die im mikroskopischen Bereich stufenweise Zunahme der Geschwindigkeit von uns makroskopischen Beobachtern nicht wahrgenommen werden kann.

Max Planck, der Vater der Quantenhypothese, stand der neuen Theorie zunächst skeptisch gegenüber. Später war der langjährige Vorsitzende der Deutschen Physikalischen Gesellschaft eine anerkannte Autorität für die jüngere Generation von Physikern, welche die quantenphysikalische Revolution durchführten. Hochbetagt überlebte er noch das Ende des Zweiten Weltkriegs. Ein Jahr nach seinem Tod wurde 1948 die frühere Kaiser-Wilhelm-Gesellschaft als »Max-Planck-Gesellschaft« wiedergegründet.

Quanten wie Sand am Meer

Die Größe eines Quants ist mit folgendem Bild vielleicht einzuordnen: Wenn Sie mit einem Förderband ein Frachtschiff mit Sand beladen, dann wird dieses langsam immer tiefer ins Wasser eintauchen. Das Auftreffen eines einzelnen Sandkorns – was einem Energiequant entspräche – fällt im Vergleich zur Größe des Schiffs im wahrsten Sinne des Wortes nicht ins Gewicht und der Beladevorgang scheint kontinuierlich abzulaufen. Und dieser Vergleich ist zahlenmäßig sogar noch stark untertrieben. Das Gewicht eines Sandkorns von 1 mg verhält sich zu dem eines 100 000-Tonnen-Frachters wie $1 : 10^{14}$. Das Verhältnis der Energie eines Photons sichtbares Licht zur Bewegungsenergie eines Fahrradfahrers beträgt dagegen $1 : 10^{21}$, ist also noch 10-millionenmal größer!

Welleneigenschaften von Licht und Materie

Ist nun alles, was wir bisher über die Welleneigenschaften des Lichts gelernt haben –Wellenlänge, Frequenz und Ausbreitungsgeschwindigkeit, Erscheinungen wie Brechung und Beugung usw. – falsch? Nein, denn all dies kann mit dem Wellenmodell korrekt beschrieben werden. Und nicht nur das, auch bei Teilchen wie Elektronen, Atomen und Molekülen lassen sich Wellenphänomene wie Beugung und Brechung nachweisen! Mit anderen Worten: Sowohl Licht als auch Materie zeigen in manchen Situationen Eigenschaften von Wellen und verhalten sich in anderen wie Teilchen. Bevor wir diese paradoxe Situation näher zu verstehen suchen, wollen wir zunächst einmal untersuchen, was denn unter der Wellenlänge eines Elektrons oder anderer Elementarteilchen zu verstehen ist.

Grundsätzlich kann jedem bewegten Objekt eine Wellenlänge zugeordnet werden anhand einer Gleichung, die der obigen Planck-Beziehung sehr ähnlich ist. Diese Wellenlänge heißt nach ihrem französischen Entdecker Louis-Victor de Broglie (1892–1987, sprich »de Broi«) *De-Broglie-Wellenlänge*. Sie hängt mit dem Impuls p des Objekts wie folgt zusammen:

$$\lambda = h/p \quad \text{bzw.} \quad p = h/\lambda.$$

h ist wieder das Plancksche Wirkungsquantum. Mit der zweiten Form dieser Gleichung kann man auch Photonen anhand ihrer Wellenlänge einen Impuls zuschreiben. Wegen der Beziehungen $c = \lambda \times f$ bzw. $\lambda = c/f$ und $E = h \times f$ bedeutet dies, dass der Photonenimpuls gleich der durch die Lichtgeschwindigkeit c dividierten Photonenenergie E ist, also

$$p_{\text{Photon}} = h/\lambda = h \times f/c = E_{\text{Photon}}/c.$$

Impuls und Wellenlänge sind umgekehrt proportional, je größer also eines von beiden ist, desto kleiner wird das andere. Da außerdem der Zahlenwert von h so unvorstellbar klein ist, haben nur Objekte mit äußerst kleinem Impuls eine Wellenlänge, die wenigsten der von sichtbarem Licht oder Röntgenstrahlen entspricht. Ein mit der Geschwindigkeit 1 m/s gemächlich spazierender Mensch von 66 Kilogramm Masse hat einen Impuls von 66 kg × m/s. Teilt man die Planck-Konstante nun durch diesen Wert, dann ergibt sich eine Wellenlänge von 10^{-35} m – ein Billiardstel der kleinsten noch irgendwie messbaren Länge. Mit anderen Worten, was auch die Materiewelle eines Radfahrers macht, man kann es nicht bemerken oder messen, denn die Wellenlänge ist zu klein.

Anders wird dies, wenn wir ein elementareres und v. a. leichteres Teilchen betrachten, zum Beispiel ein Elektron. Ein Elektron aus der schon zitierten Fernsehröhre mit 1000 V Beschleunigungsspannung hat eine De-Broglie-Wellenlänge von $3{,}9 \times 10^{-11}$ m. Dies ist etwas weniger als ein Atomdurchmesser und entspricht der Wellenlänge harter Röntgenstrahlung. Wenn wir also Teilchen aus der atomaren Welt untersuchen, dann müssten wir Hinweise auf ihre Wellennatur sehen können. Ein einfaches Experiment, dass diese Eigenschaft zeigt, ist das Doppelspaltexperiment.

Doppelspaltexperimente

Lässt man Licht durch zwei sehr eng nebeneinander liegende Spalte leuchten, dann sieht man auf einem Schirm dahinter nicht etwas ein Abbild der beiden Schlitze, sondern ein Muster aus abwechselnd hellen und dunklen senkrechten Strichen. Wird dagegen einer der beiden Spalte verdeckt, verschwindet das Streifenmuster und man sieht ein etwas verschwommenes Abbild des offenen Spalts.

Erklärbar ist dies nur, wenn man Licht als Wellenerscheinung auffasst: Von jedem der beiden Spalte breitet sich das Licht in Form zweier kreis- bzw. kugelförmiger Wellen aus. Diese überlagern sich zu einem typischen *Interferenzmuster*. Ganz ähnlich geschieht dies auch bei der Überlagerung von Wasserwellen, etwa wenn man zwei Finger nebeneinander periodisch ins Wasser tunkt.

Nun kommen aber wieder die Photonen ins Spiel. Und zwar regeln wir die Helligkeit der Lichtquelle so stark herunter, dass nur noch ein Photon auf einmal durch die Spalte tritt. Entsprechend empfindliche Detektoren weisen das Auftreffen der Photonen anstelle des Schirms nach. Wird tatsächlich nur ein einziges Photon ausgesandt, so spricht auch nur ein einziger

Das Doppelspaltexperiment: Wenn Licht nur durch einen Spalt treten kann, entsteht auf dem Schirm ein Bild mit einem einfachen Helligkeitsmaximum hinter diesem Spalt. Kann das Licht aber durch zwei Spalte kommen, dann überlagern sich die von ihnen ausgehenden Lichtwellen zu einem *Interferenzmuster*. Wo zwei Wellenberge oder -täler aufeinandertreffen, wird es hell, wo jeweils Berg und Tal zusammenkommen, löschen sie sich gegenseitig aus und es bleibt dunkel. Der Clou: Dies funktioniert genauso, wenn man statt des Lichts Elektronen- oder Atom-»Wellen« verwendet!

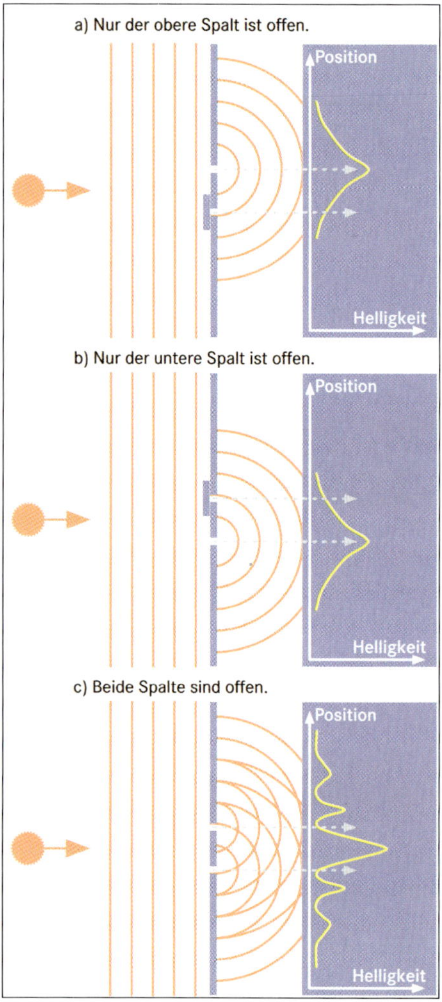

Detektor an. Wenn das Experiment dagegen längere Zeit durchgeführt wird, so bilden die Auftreffpunkte der einzeln durch die Spalte tretenden Photonen mit der Zeit genau das räumliche Muster, das wir im Wellenbild erwarten würden – ein helles Maximum, wenn nur ein Spalt offen ist, Interferenzstreifen, wenn beide offen stehen. Ganz offenbar »wissen« die Photonen, wenn sie einzeln durch einen Spalt laufen, ob der jeweils andere offen ist oder nicht, und wenn kein Spalt verdeckt ist, laufen sie in gewisser Weise durch beide Spalte zugleich!

Nun gehen wir noch einen Schritt weiter und zielen anstatt mit einer Photonenquelle mit einer Elektronenkanone auf den Doppelspalt (beide Spalte offen). Im mechanistischen Kügelchenmodell der Elementarteilchen würden wir erwarten, dass wir auf dem Auffangschirm das Schattenbild der beiden Spalte sehen. Doch es geschieht genau das Gleiche wie bei den Lichtteilchen. Ein Interferenzmuster bildet sich heraus, und aus dem Streifenabstand kann man exakt diejenige Wellenlänge für die Elektronen ableiten, die sich nach de Broglies Formel aus ihrem Impuls, d. h. ihrer Masse und Geschwindigkeit, ergibt. Dies ist insofern tröstlich, als zwar Licht wie auch Elektronen sowohl Welle als auch Teilchen zu sein scheinen – aber zumindest tun sie es beide in exakt der gleichen Weise.

Ein Kasten mit Teilchenwellen

In den folgenden Abschnitten wollen wir uns mit den Konsequenzen der quantenmechanischen Revolution beschäftigen. Noch einmal rekapituliert seien hier die Zutaten:

- Energie kann nur in Paketen – Quanten – ausgetauscht werden. Wenn ein Atom Energie abgibt, dann wird genau ein Photon mit der dazu passenden Energie (Frequenz bzw. Wellenlänge) ausgesandt.
- Alle quantenmechanischen Objekte (Photonen, Atome, Elektronen usw.) haben sowohl Wellen- als auch Teilchennatur, wie wir beim Doppelspaltexperiment gesehen haben.
- Das Verhalten dieser Objekte wird mithilfe der komplizierten, aber überaus erfolgreichen *Schrödingergleichung* beschrieben (S. 126/127). Deren Lösungen lassen sich als »Wahrscheinlichkeitswellen« auffassen.

Die Schrödingergleichung

Wie kann die Physik den Zustand von *Teilchen* beschreiben, die gleichzeitig auch *Wellen* sein sollen? Nach vielen Versuchen, eine mathematische Formulierung für die beobachteten Quantenerscheinungen zu finden, stellte der österreichische Physiker und Philosoph Erwin Schrödinger (1887–1961) im Jahr 1926 eine Gleichung auf, die ihm zu Ehren heute als »Schrödingergleichung« die Basis der gesamten Quantenphysik ist. Deshalb traue ich mich, sie Ihnen hier vorzustellen, damit Sie sehen, mit welcher Art von mathematischer Akrobatik die moderne Physik *beginnt*. Die Formel ist Stoff jeder Diplom- bzw. Masterprüfung in Physik, und zumindest für einfache Systeme wendet sie jeder Physiker und jede Physikerin im Laufe des Studiums mindestens einmal an.

Erwin Schrödinger (1887–1961) leistete wesentliche Beiträge zur theoretischen Ausformulierung der Quantenmechanik. Er ging 1927 als Nachfolger von Max Planck nach Berlin. Vor den Nationalsozialisten floh er nach England und Irland, seine letzten Lebensjahre verbrachte er in seinem Heimatland Österreich.

Mathematisch ausformuliert lautet die Gleichung:

$$i\hbar\frac{\partial}{\partial t}\psi(\boldsymbol{r},t)=\left(-\frac{\hbar^2}{2m}\Delta+V(\boldsymbol{r},t)\right)\psi(\boldsymbol{r},t).$$

Das Verständnis dieser Gleichung sprengt natürlich den Rahmen dieses Buches bei Weitem, sodass ich auf eine Erklärung der einzelnen Terme verzichte. Nur so viel: Die Gleichung gibt Bedingungen für eine Funktion $\psi(\boldsymbol{r}, t)$ – sprich: »psi von r und t« –an, welche an jedem Ort $\boldsymbol{r}$ und zu jeder Zeit t einen bestimmten Wert aufweist. Lösungen der Schrödingergleichung sind demnach Funktionen, welche diese Bedingungen erfüllen.

Im Allgemeinen sind die Lösungen der Schrödingergleichung sog. Wellenfunktionen, die angeben, wie sich eine Welle in Raum und Zeit ausbreitet (aha – hier kommen also die Wellen ins Spiel!). Und jetzt kommt der Trick: der jeweilige Funktionswert einer solchen Wellenfunktion zum Quadrat genommen ergibt die Wahrscheinlichkeit, ein bestimmtes Teilchen oder Photon zu einer bestimmten Zeit an einem bestimmten Ort anzutreffen oder nicht. Das

Der unscheinbare Buchstabe *»V«* in der Schrödingergleichung gibt übrigens die potenzielle Energie an, die auf das zu untersuchende Objekt einwirkt. Diese entscheidet darüber, welche Situation konkret beschrieben wird – ein Elektron in einem Atom, Photonen am Doppelspalt oder auch Zustände in Ihren Gehirnzellen. Sie kann bei schwierigeren Fällen extrem kompliziert oder gar nicht in Formeln anzugeben sein.

bedeutet: als Welle breitet sich die Wahrscheinlichkeit aus, ein Partikel irgendwo im dreidimensionalen Raum aufzufinden, man findet es jedoch wie ein klassisches Teilchen immer nur an einem bestimmten Ort (oder eben nicht).

Die Wahrscheinlichkeit, mit der bei einer beliebigen physikalischen Messung ein bestimmter Messwert herauskommt, lässt sich im Formalismus der Quantenmechanik direkt aus der Wellenfunktion ψ berechnen, unter Umständen unter Einsatz von Näherungsverfahren und mithilfe von Supercomputern. Die Genauigkeit der so errechneten Vorhersagen von quantenphysikalischen Messergebnissen übertrifft in bestimmten Fällen die aller anderen physikalischen Theorien bei Weitem.

Sperren wir nun eine »Teilchenwelle« in einen Kasten mit unendlich kräftigen Wänden ein. In der makroskopischen Welt wissen wir, dass das Teilchen sich zu jedem Zeitpunkt an einer bestimmten Stelle im Kasten befinden muss. Wie sieht diese Situation in der Quantenwelt aus?

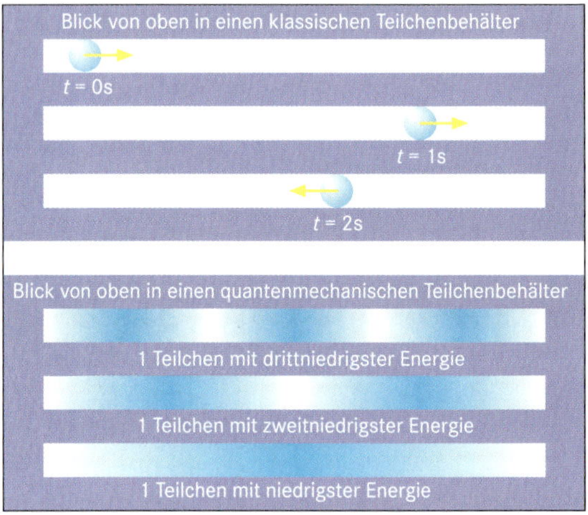

Aufenthaltswahrscheinlichkeit eines Teilchens in einem Kasten, von oben gesehen. Oben ein klassisches Teilchen, das sich zu jeder Zeit an einem festen Ort befindet. Unten die Aufenthaltswahrscheinlichkeit eines quantenmechanischen Teilchens mit der niedrigsten erlaubten Energie (unten), und zwei höheren erlaubten Energiewerten (Mitte und oben). Man beachte, dass sich immer nur *ein* Teilchen im Kasten befindet, auch wenn die Aufenthaltswahrscheinlichkeit mehrere Maxima aufweist!

Die Lösung der Schrödingergleichung ist für dieses System eine Wellenfunktion, deren Werte am Kastenrand verschwinden müssen. Ähnlich wie bei Schallwellen in einer Orgelpfeife oder einer Blockflöte geht dies nur bei ganz bestimmten Wellenlängen, und zwar muss die Kastenbreite einer halben, einer ganzen, eineinhalb usw. Wellenlängen entsprechen (man spricht in diesem Fall oft auch von »stehenden Wellen«). Da nun aber die Wellenlänge eines Teilchens mit seiner Energie verbunden ist, kann ein Teilchen in einem solchen Kasten nur bestimmte Energiewerte annehmen. Es gibt zudem eine niedrigste mögliche Energie, die größer als null ist, nämlich der Zustand, bei dem die Kastenbreite einer halben Wellenlänge entspricht. In diesem Grundzustand trifft man das Teilchen am wahrscheinlichsten in der Mitte des Kastens an.

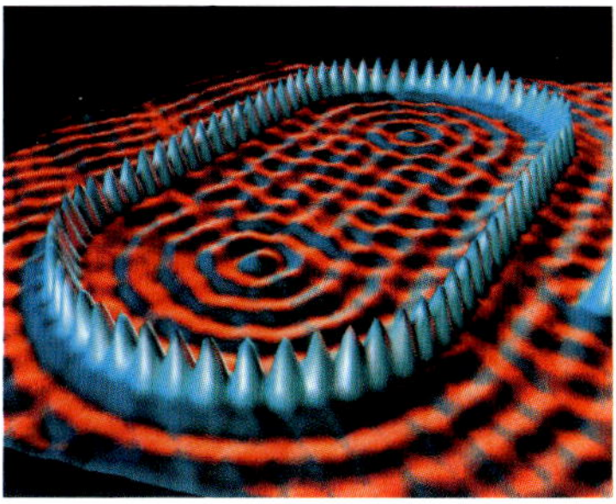

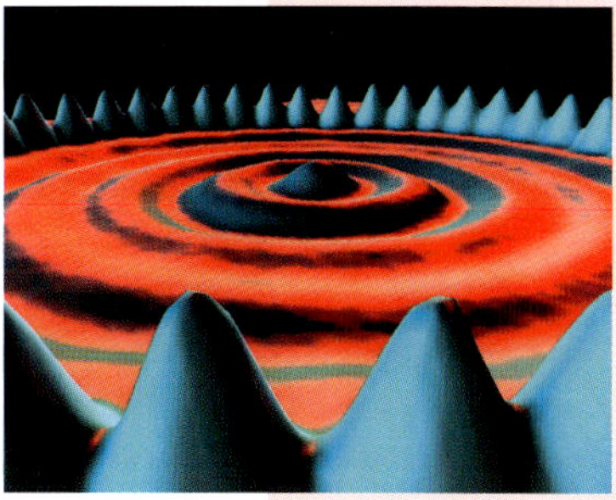

Ein Stadion für Quantenteilchen (rechts im Detail). Hier sieht man die gemessene Aufenthaltswahrscheinlichkeit von Elektronen in einem mikroskopischen »Nano-Stadion« aus Eisenatomen (blaue Spitzen) auf einer Kupferoberfläche. Je höher die Welle im Inneren des Stadions steigt, umso wahrscheinlicher ist es dort, auf ein Elektron zu treffen.

Energieniveaus von Atomen

Auch die Aufenthaltswahrscheinlichkeit eines Elektrons in einem einfachen Atom - nämlich Wasserstoff, dessen Kern ja nur aus einem Proton besteht - kann man mit der Schrödingergleichung gut berechnen. Auch hier kommt heraus, dass das Elektron in der Atomhülle nur ganz bestimmte Energiezustände annehmen kann. Es gibt einen Grundzustand niedrigster Energie, in dem die räumliche Verteilung der Aufenthaltswahrscheinlichkeit einer Kugel ähnelt, und weitere Zustände, die mit zunehmender Energie immer komplexer werden. Dies sind die »Elektronenwolken« oder auch »Orbitale«, von denen Sie vielleicht im Chemieunterricht einmal gehört haben.

Welche Energie die verschiedenen Orbitale besitzen, lässt sich ganz direkt beobachten. Wechselt nämlich ein Elektron in ein um den Betrag ΔE energieärmeres Orbital, sendet es ein Photon aus, dessen Frequenz sich aus Plancks Formel $\Delta E = h \times f$ ergibt. Analysiert man das von einer Anzahl von Atomen ausgehende Licht in einem Spektrografen, so hat das ermittelte Spektrum genau bei den Frequenzen sog. Emissionslinien (Maxima in der spektralen Verteilung), deren Energiedifferenz einem Übergang zwischen zwei Elektronenzuständen bzw. -orbitalen in diesen Atomen entspricht.

Auf die mit der Schrödingergleichung bestimmten Elektronenorbitale haben wir bereits im letzten Kapitel einen Blick geworfen: Sie sind die physikalisch korrekte Bezeichnung für die Schalen der Atomhülle, deren Systematik sich im Aufbau des Periodensystems der Elemente widerspiegelt.

Da die vielen Energieniveaus bei jedem chemischen Element und sogar bei unterschiedlichen Isotopen desselben Elements immer anders verteilt sind, kann man aus der Analyse des Spektrums eines Gases sehr genau bestimmen, aus welchen Atomen und Molekülen es zusammengesetzt ist, ja sogar welche physikalischen Eigenschaften das Gas hat (Druck, Temperatur etc.), da auch hiervon die Energieniveaus und ihre Besetzung abhängen. Praktisch das gesamte Wissen über die Physik der aus heißen, leuchtenden Gasen bestehenden Sterne basiert auf der Spektralanalyse des von ihnen empfangenen Lichts.

Die Unbestimmtheitsrelation

Wir haben gelernt, dass in der Quantenmechanik der Ort eines Teilchens zu einer bestimmten Zeit im Allgemeinen nur noch in Form einer Aufenthaltswahrscheinlichkeit angegeben wird. Diese ist von Energie und Impuls des Teilchens abhängig. Stellen wir aber in einer Messung den Ort eines Teilchens genau fest, dann wissen wir leider über dessen Impuls nichts. Warum? Einer (Wahrscheinlichkeits-)Welle, die nur an einem einzigen Punkt nicht null ist, kann man mathematisch keine Wellenlänge mehr zuweisen, sie ist gewissermaßen eine Überlagerung aus allen denkbaren Wellenlängen. Dann aber könnte das Teilchen alle Impulse gleichzeitig haben, also ist sein Impuls völlig unbestimmt – nach der De-Broglie-Beziehung sind ja Impuls und Wellenlänge von Quantenteilchen direkt miteinander verknüpft. Mit anderen Worten: Wenn wir den Ort des Teilchens genau kennen, wissen wir nicht, ob unser Teilchen am Fundort ruht oder sich langsam oder schnell, also mit wenig oder viel Impuls, bewegt.

Umgekehrt, wenn wir Impuls bzw. Wellenlänge eines Teilchens exakt kennen, dann gleicht seine Wahrscheinlichkeitswelle einer Sinuswelle, die sich gleichmäßig bis ins Unendliche erstreckt. Dann ist seine Aufenthaltswahrscheinlichkeit aber ebenfalls gleichmäßig im Raum verteilt und wir wissen nur noch, dass es sich irgendwo aufhält, aber nicht mehr wo.

In der Regel tritt keiner der beiden Extremfälle ein, sondern sowohl Ort als auch Impuls bzw. Wellenlänge des Quantenteilchens sind mit einer gewissen Ungenauigkeit bekannt. Der Physiker Werner Heisenberg leitete 1927 streng mathematisch aus den Grundlagen der Quantenphysik eine Beziehung ab, die diesen Zusammenhang quantifiziert und große Bedeutung für die ganze Quantentheorie hat. Sie heißt *Heisenbergsche Unbestimmtheits-* oder *Unschärferelation* und besagt, dass das Produkt der Ungenauigkeiten von Orts- und Impulsmessung immer mindestens von der Größenordnung der Konstante h ist:

$$\Delta x \times \Delta p \gtrsim h$$

Einmal mehr unterstreicht hier das Plancksche Wirkungsquantum h seine zentrale Rolle in der Quantenphysik.

Vakuumfluktuationen

Es gibt noch eine zweite Unschärferelation, die analog zur Ort-Impuls-Unschärfe die Größen Energie und Zeit betrifft: $\Delta E \times \Delta t \gtrsim h$. Damit kommen wir auf das in der Einleitung zu diesem Buch angesprochene Thema von spontan im Vakuum entstehenden Teilchen zurück. Denn diese Version der Unschärferelation besagt, dass der Energiegehalt eines Raumbereichs in einem Zeitraum Δt nicht genauer als etwa $\Delta E = h/\Delta t$ bestimmt werden kann. Insbesondere kann er nicht exakt gleich null sein! Das heißt aber, dass im leeren Raum für einen sehr kurzen Moment Energie gleichsam aus dem Nichts entstehen kann, wenn sie nur schnell genug wieder verschwindet. Und aus dieser Energie kann nach Einsteins Masse-Energie-Äquivalenz ein Teilchen-Antiteilchen-Paar werden, das einfach nur sehr schnell wieder verschwinden muss.

Je kürzer der betrachtete Zeitraum ist, desto größer kann die Energie der auftretenden Teilchen sein. So kann für einen Zeitraum von etwa 10^{-24} s immerhin ein Proton-Antiproton-Paar (Energie ca. 2 GeV/c^2) existieren, ohne gegen die quantenmechanische Version der Energieerhaltung zu verstoßen.

Die im Vakuum unablässig entstehenden und vergehenden Teilchen heißen »virtuelle Teilchen«, da sie nicht direkt messbar sind. Erst wenn das Vakuum gestört wird, wie durch die Platten beim Casimir-Effekt, dann treten sie real in Erscheinung.

Schrödingers Katze

Physiker haben traditionell ein Faible für Katzen. Sie laden Glasstäbe elektrisch auf, indem sie an ihnen mit Katzenfell reiben, sie werfen Katzen aus Luken in der Hörsaaldecke, um die Drehimpulserhaltung vorzuführen, und sie setzen Katzen – zumindest gedanklich – mit einer tödlichen Maschine in einen abgeschlossenen Raum, damit sie gleichzeitig tot und lebendig sind. Dieses letztgenannte Gedankenexperiment ist als »Schrödingers Katze« in die Wissenschaftsgeschichte eingegangen.

Wir denken uns dazu folgenden Versuchsaufbau, den Erwin Schrödinger 1935 vorgeschlagen hat: In einer verschlossenen Kiste befinden sich eine Katze, ein radioaktiver Atomkern und ein Fläschchen mit giftigen Gasen. Wenn der Kern zerfällt und ein Alphateilchen emittiert, registriert dies ein Detektor und löst daraufhin einen Mechanismus aus, der die Giftflasche zerschlägt, woraufhin die Katze stirbt. Der Atomkern ist so ausgewählt, dass die Wahrscheinlichkeit, dass er nach einer Stunde zerfallen ist, gerade 50 % beträgt. Quantenmechanisch ist sein Zustand recht einfach zu beschreiben: Die Aufenthaltswahrscheinlichkeit beträgt in beiden möglichen Zuständen gerade 50 %. Solange keine Messung

Die Verschränkung von Quantenzuständen wird möglicherweise einmal eine Anwendung in sog. Quantencomputern finden. Diese beruhen auf der Idee, Informationen in Quantenbits zu speichern, welche sich gleichzeitig in sehr vielen Zuständen befinden können. Erste Versuchsaufbauten, wie diese Anlage der Universität Bonn, die mit ultrakalten Cäsiumatomen arbeitet, sind bereits realisiert.

durchgeführt wird, ist der Kern in einer *Überlagerung* beider Zustände, also quasi »sowohl zerfallen als auch nicht«.

Durch Schrödingers Konstruktion wird nun die Quantenwelt des Atoms mit der makroskopischen Welt der Katze verbunden oder *verschränkt*, wie Physiker sagen. Nach einer Stunde müsste die Katze sich in einem Zustand der 50-%igen Überlagerung der Zustände »tot« und »lebendig« befinden, sofern niemand in die Kiste schaut und so durch eine »Messung« die Überlagerung zerstört. Mit sich selbst überlagerte Katzen, die zu 50 % tot und zu 50 % lebendig sind, sind aber nie beobachtet worden und auch nicht sinnvoll anzunehmen.

Es gibt zwei gut verständliche und miteinander verträgliche Lösungsmöglichkeiten für dieses Paradoxon: Die statistische Interpretation sagt, dass bei vielen solchen Katzenexperimenten bei der Messung nach einer Stunde tatsächlich etwa die eine Hälfte der Katzen tot, die andere lebendig ist. Keine ist halbtot. Man sagt, die quantenmechanische Wellenfunktion klappt in einen der beiden Zustände »tot« oder »lebendig« um. Die andere Interpretation geht davon aus, dass nicht erst mit der Messung, also dem Öffnen der Kiste, der Zustand der Katze von der Überlagerung in den messbaren Zustand tot oder lebendig überführt wird. Stattdessen bricht die quantenmechanische Überlegung in dem Moment zusammen, in dem die Katze durch ein einziges Wirkungsquant mit der Umwelt außerhalb des Kastens in Verbindung getreten ist. Es ist theoretisch wie praktisch unmöglich, den Katzenkasten gegen solch geringe Wechselwirkungen mit der Umwelt abzuschirmen.

Die Verschränkung von Zuständen funktioniert also nur so lange, wie das betreffende System von der Umwelt isoliert werden kann. Dies gelingt über messbare Zeiträume wieder nur bei kleinen Systemen auf atomarer oder molekularer Skala. Wir erhalten auf diese Weise eine weitere fundamentale Begründung dafür, dass in unserer üblichen Erfahrungswelt Quanteneffekte nicht offen zutage treten.

Teilchen im Tunnel

Wir betrachten noch einmal die quantenmechanische Aufenthaltswahrscheinlichkeit eines Teilchens in einem Kasten. Dieses Mal soll der Kasten jedoch keine unendlich hohen Ränder haben, sonder eine reale Wand mit einer bestimmten Höhe.

Ein solches System ist im Prinzip ein Atomkern. Die von den Farbladungen bewirkte Anziehungskraft der übrigen Nukleonen hält jedes einzelne im Kern gefangen, doch bildet sie eben nur eine endlich hohe Mauer. Nehmen wir an, vier Nukleonen, je zwei Neutronen und Protonen, haben sich für einen Moment zu einem Alphateilchen im Inneren des Kerns zusammengeschlossen. Die Wellenfunktion dieses Alphateilchen hat ihr Maximum im Kern, doch sie verschwindet auch außerhalb des Kerndurchmessers nicht ganz, wie die genaue Berechnung der Schrödingergleichung für dieses System zeigt. Das Alphateilchen hat demnach eine gewisse Aufenthaltswahrscheinlichkeit außerhalb des Kerns – und wenn wir nur lange genug warten, dann hält es sich für einen Moment auch außerhalb des Kerns auf. Dann aber spürt es keine Anziehung mehr, sondern nur noch die elektrische Abstoßung zwischen den Protonen von Restkern und Alphateilchen. Diese

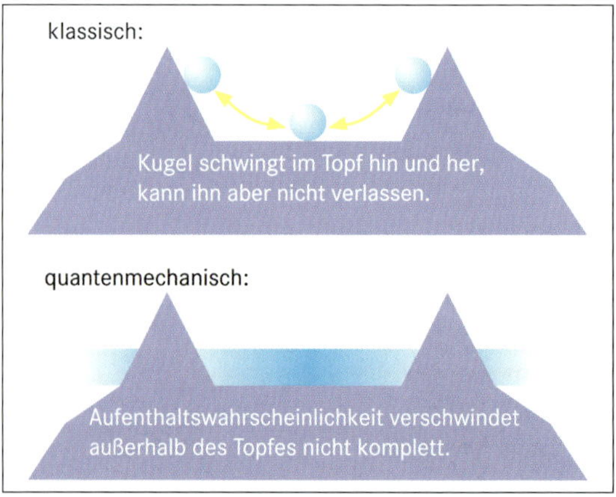

Teilchen in einer »Energiemulde«. Oben der klassische Fall: Wenn die Bewegungsenergie des Teilchens kleiner ist als die potenzielle Energie, die es am höchsten Punkt des Muldenrands hätte, kommt es nie aus der Mulde hinaus. Unten der Quantenfall: Die Aufenthaltswahrscheinlichkeit des Teilchens ist auch außerhalb der Mulde größer als null. Es kann also irgendwann einmal die Mulde verlassen, ohne den Rand erklommen zu haben – so, als ob ein Tunnel durch den Muldenwall gebohrt worden wäre.

beschleunigt es sofort vom Kern weg und das Alphateilchen verlässt Kern und Atom. Dies ist die mikroskopische Erklärung für den radioaktiven Alphazerfall.

Ganz allgemein gilt für alle quantenmechanischen Systeme: Die Aufenthaltswahrscheinlichkeit eines Quantenteilchens ist auch hinter eine Barriere nicht exakt null, sofern diese nicht unendlich hoch ist. Es gibt daher immer eine Wahrscheinlichkeit, dass ein Teilchen durch eine Wand hindurch treten kann, ohne sie zu überwinden. Da also für Quantenteilchen sozusagen durch jede Wand ein »Tunnel« führt, hat sich für dieses Phänomen die Bezeichnung *Tunneleffekt* eingebürgert. Physiker benutzen auch gern das Verb »tunneln«. Die Tunnelwahrscheinlichkeit ist umso großer, je mehr Energie ein Teilchen besitzt und je niedriger die Wand, d. h. die Energiebarriere ist.

Laser

Die bisher angesprochenen Konsequenzen aus den grundlegenden Quantengesetzen – atomare Energieniveaus, Tunneleffekt, Vakuumfluktuationen, Schrödingers Katze – sind faszinierend, aber nicht unbedingt von praktischer Relevanz, da sie sich eben nur auf mikroskopischer Ebene auswirken. Wir wollen uns deshalb zum Schluss des Kapitels Quanteneffekten zuwenden, die sich zumindest mittelbar in Alltag und Technik bemerkbar machen. Der erste von ihnen geht, wie so vieles in der Physik, auf eine Erkenntnis Albert Einsteins zurück. Dieser hatte in seinen Arbeiten über die Quantennatur des Lichts zwei unterschiedliche Mechanismen identifiziert, die zur Emission eines Photons aus einem Atom führen können. Dies geschieht entweder ohne äußere Einwirkung irgendwann von selbst, wann genau entscheidet wie beim radioaktiven Zerfall der Zufall. Einstein nannte diesen Vorgang *spontane Emission*.

Wesentlich interessanter ist die zweite Variante. Diese kommt dann ins Spiel, wenn ein Photon, dessen

Energie genau der Energiedifferenz zwischen angeregtem und niedrigerem Energiezustand entspricht, das betreffende Atom gerade dann erreicht, wenn sich ein Elektron in dem angeregten Zustand aufhält. In diesem Fall gibt das Elektron sofort seine Energie ab, und das dabei freigesetzte Photon hat nicht nur exakt dieselbe Energie, Frequenz und Wellenlänge wie das erste (das muss es ja), sondern es ist auch »in Phase« mit ihm. Letzteres bedeutet, dass jeweils Wellenberge und -täler der beiden photonischen Wellenpakete zusammenfallen, sodass ihre Intensität sich überall verstärkt. Dieser Vorgang wird *induzierte* oder *stimulierte Emission* genannt.

Laser ist ein englisches Kunstwort und steht für »light amplification through stimulated emission«, also »Lichtverstärkung durch stimulierte Emission«, was seine Funktionsweise ganz kompakt beschreibt. Noch vor dem Laser wurde der *Maser* erfunden, der statt mit Licht mit den leichter zu handhabenden Mikrowellen arbeitet.

Es ist natürlich recht unwahrscheinlich, dass rein zufällig ein passendes Photon ein Atom im richtigen Moment erreicht, um eine stimulierte Emission auszulösen, weswegen bei natürlichen Prozessen die spontane Emission der weitaus häufigere Vorgang ist. In den 1950er-Jahren gelang es schließlich, ein Gerät zu bauen, das eine Kettenreaktion von stimulierten Emissionsvorgängen ermöglicht, wodurch eine Strahlungsquelle mit bis heute einmaligen Eigenschaften entstand: der *Laser*.

Der grundlegende Aufbau eines Lasers ist der folgende: In einem Behälter befindet sich ein optisch durchsichtiger Stoff, das *Lasermedium*. In diesem werden Elektronen mithilfe von Licht oder Stößen in einen angeregten Zustand versetzt oder *gepumpt*. Dadurch wird eine Besetzungsinversion erreicht, im angeregten Zustand sind dauerhaft mehr Elektronen als im Grundzustand. Dies ist notwendig, damit eine effektive Stimulation stattfinden kann. Wenn nun eines der Elektronen durch spontane Emission ein Photon aussendet, hat dies naturgemäß genau die richtige Energie, um ein anderes Elektron zur Emission zu stimulieren. Die nunmehr zwei Photonen können zwei weitere stimulierte Emissionen hervorrufen, dann vier, acht usw. Wichtig ist dabei nur, dass das Lasermedium mit Spiegeln höchster Gute abgeschlossen wird, damit die Photonenlawine im Lasermedium eingeschlossen bleibt und keine oder nur ganz wenige Lichtquanten verloren gehen.

Nach kürzester Zeit hält sich eine sehr große Zahl von Photonen mit gleicher Energie, Wellenlänge, Phase und Ausbreitungsrichtung im Medium auf. Lässt man diese gezielt heraus (man nennt dies Auskoppeln der Laserstrahlung), so verlässt den Laser ein hochenergetisches, extrem gebündeltes und phasenreines Licht – eben ein Laserstrahl. Dieser ist so gut gebündelt, dass man mit ihm einen 1969 von Astronauten auf dem Mond hinterlassenen Spiegel anpeilen und aus dem reflektierten Strahl den Abstand Erde–Mond auf Zentimeter genau bestimmen kann. Laser, die kurze Strahlungspulse erzeugen, können extrem hohe Leistungen von bis zu mehreren Terawatt erreichen – das entspricht der Leistung aller Elektrizitätswerke dieser Welt – allerdings nur für einen winzigen Bruchteil einer Sekunde. Wegen der mit ihnen erreichbaren hohen

Laser in einem Labor der Atmosphärenforschung. Das grüne Laserlicht wird aus dem Kasten rechts in eine Optik geleitet (links), die es senkrecht gen Himmel schickt. Durch Analyse des zurückgestreuten Lichts können Ozongehalt und andere Parameter der Atmosphäre bis in 80 km Höhe untersucht werden.

Energiedichte nutzt man Laser auch zum präzisen Bohren oder Schneiden in Industrie und Medizin. Und die Phasengleichheit der Laserwellen macht sie zum idealen Werkzeug, wenn man Interferenzerscheinungen wie den Doppelspalt-Effekt messen oder nutzen will.

Supraleitung

Ein weiterer Effekt der Quantenmechanik mit makroskopischen Folgen, der zumindest in Zukunft auch im Alltag große technische Bedeutung haben könnte, ist die *Supraleitung*. Kühlt man bestimmte Stoffe auf sehr tiefe Temperaturen ab, dann verschwindet unterhalb eines bestimmten kritischen Temperaturwerts der Widerstand abrupt und vollständig. Ein elektrischer Strom fließt durch einen solchen tiefgekühlten supraleitenden Ring im Idealfall unendlich lang weiter. Das damit einhergehende Magnetfeld bleibt entsprechend lange bestehen, ohne dass dafür Energie aufgewendet werden müsste (wenn man den Energieaufwand für die Kühlung nicht berücksichtigt).

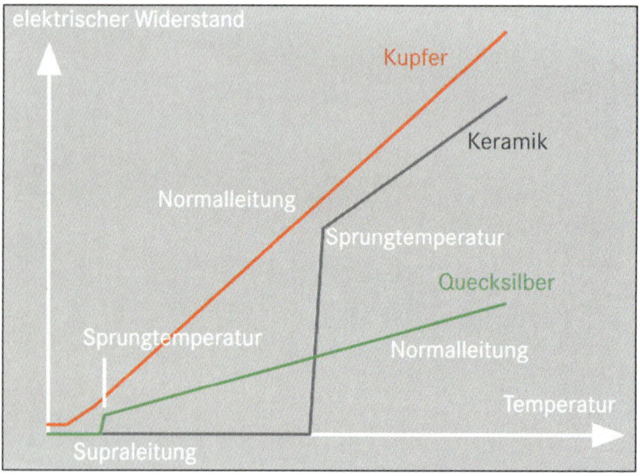

Widerstandsverlauf von Kupfer, dem klassischen Supraleiter Quecksilber und einer HTSL-Keramik (S. 140) bei verschiedenen Temperaturen (nicht maßstabsgetreu). Unterhalb der Sprungtemperatur ist der elektrische Widerstand exakt null!

Der Effekt der Supraleitung wurde 1911 von dem Niederländer Heike Kamerlingh Onnes (1853–1926), dem »Vater der Tieftemperaturphysik«, an Quecksilber entdeckt. Die quantenmechanische Erklärung lieferten in den 1950er-Jahren die Physiker John Bardeen, Leon Cooper und John Schrieffer mit der nach ihnen benannten *BCS-Theorie*. Für diese ist eine quantenphysikalische Größe entscheidend, mit der wir uns bisher noch nicht näher beschäftigt haben, der sog. *Spin*. Auch er ist quantisiert, kann also nur entweder null sein oder ganzzahlige Vielfache eines Minimalwerts annehmen, der hier $1/2 \times h/2\pi$ (kurz »1/2«) beträgt. Alle Teilchen mit »halbzahligem« Spin, d. h. Spin 1/2, 3/2, 5/2 usw., heißen *Fermionen* und müssen dem sog. *Pauli-Prinzip* gehorchen: Sie dürfen nicht gleichzeitig den gleichen Zustand annehmen, können also z. B. nicht am gleichen Ort die gleiche Energie haben. Für die *Bosonen* genannten Teilchen mit ganzzahligem Spin (0,1, 2, ...), z. B. Photonen oder Pionen, gilt diese Einschränkung nicht.

Was hat nun das Pauli-Prinzip mit dem Verschwinden des elektrischen Widerstands bei tiefen Temperaturen zu tun? Sehr viel! In metallischen Leitern, wie den klassischen Supraleitern, werden Ströme durch bewegte Elektronen transportiert. Sie werden von Schwingungen der Atome im Festkörper *(Phononen)* gestreut und dadurch gebremst, was den normalen elektrischen Widerstand bewirkt. Dieser wird – genau wie die Intensität der Gitterschwingungen – mit abnehmender Temperatur schwächer. Nun kommt die Quantenmechanik ins Spiel: Da die Elektronen Fermionen sind, dürfen sie nicht alle im gleichen Zustand sein. Also insbesondere nicht im Grundzustand, dem sie bei abnehmender Temperatur zustreben. Es gibt jedoch eine schwache Wechselwirkung zwischen Gitter und Elektronen, durch welche die Elektronen sog. *Cooper-Paare* bilden können (nach Leon Cooper). Diese Paare sind Bosonen mit Spin $1/2 \pm 1/2 = 0$ oder 1, unterliegen daher nicht dem Pauli-Prinzip und können problemlos gemeinsam einen Grundzustand bevölkern. Es ist damit energetisch viel günstiger, wenn alle Elektronen als bosonische Cooper-Paare im »Cooper-Paar-

Der Spin ist im klassischen Weltbild am ehesten mit einem Drehimpuls um die eigene Achse vergleichbar. So hat er eine Richtung im Raum (»Drehachse«) und ein Vorzeichen (»linksrum« und »rechtsrum« bzw. + und –). Leptonen und Quarks haben immer Spin 1/2. In zusammengesetzten Teilchen können sich Spins addieren ($1/2 + 1/2 = 1$) oder, wenn die Spins in entgegengesetzte Richtungen zeigen, subtrahieren: ($1/2 - 1/2 = 0$). Im Proton und im Neutron sind die Spins zweier Quarks gleich und einer entgegengesetzt, sodass beide Nukleon ebenfalls einen Spin von 1/2 haben: $1/2 + 1/2 - 1/2 = 1/2$. Es gibt aber auch Hadronen, deren Quark-Spins alle in dieselbe Richtung weisen und die deshalb Spin 3/2 besitzen.

Grundzustand« vorliegen, als wenn sie als fermionische, separate Elektronen sich eigene Zustände suchen müssen. Und wenn nun die Temperatur so gering ist, dass die Wärmeenergie der Elektronen geringer ist als die Energielücke zwischen Cooper-Paaren und Einzelelektronen, dann können die Elektronen den Cooper-Zustand gar nicht mehr verlassen. In diesem Fall sind keine Wechselwirkungen mit dem Atomgitter mehr möglich. Der elektrische Widerstand verschwindet, der nun von Cooper-Paaren getragene Strom fließt verlustfrei.

Hochtemperatur-Supraleiter

Die Sprungtemperaturen der klassischen Supraleiter liegen meist nur ein paar Grad über dem absoluten Nullpunkt, der Rekord liegt bei etwa 40 K. Solche Temperaturen zu erreichen, ist auch heute noch sehr aufwendig und macht eine technische Nutzung schwierig. Entsprechend groß war die Begeisterung, als 1986 Alexander Müller und Georg Bednorz die *Hochtemperatur-Supraleitung* (HTSL) entdeckten. Eine spezielle Klasse von keramischen Materialien erreicht Sprungtemperaturen von bis zu 138 K bzw. – 135 °C. Rekordhalter ist ein Quecksilber-Thallium-Barium-Calcium-

Das Modell einer supraleitenden Magnetschwebebahn gleitet – in flüssigen Stickstoff gehüllt – durch eine Ausstellung des Jenaer Institut für Physikalische Hochtechnologie (IPHT).

Kupfer-Oxid mit der Formel $Hg_{12}Tl_3Ba_{30}Ca_{30}Cu_{45}O_{125}$. Dies ist deshalb so bedeutend, weil Luft bzw. der Stickstoff darin bei 77,35 Kelvin (– 195,80 °C) flüssig wird. Die Herstellung und Handhabung von flüssigem Stickstoff ist in vielen Laboren der Welt Alltagsgeschäft. Erste Anwendungen von keramischen HTSL-Materialien gibt es. Allerdings sind ihre mechanischen Eigenschaften problematischer als die von Metallen, sodass ein schnelles Vordringen auf den Massenmarkt noch nicht abzusehen ist.

Relativitätstheorie

Wer »Albert Einstein« hört, denkt automatisch auch an »Relativitätstheorie«. Und daran, dass »alles relativ« ist, vielleicht auch noch, dass die Relativitätstheorie relativ schwierig sein soll. Dabei ist die Relativitätstheorie gar nicht so viel schwerer zu verstehen als die Frage, ob man bei der Umstellung von Sommerzeit auf Winterzeit eine Stunde länger schlafen kann oder eine Stunde verliert (ich beantworte diese Frage regelmäßig falsch und habe dabei schon mehrere Wetten verloren).

Albert Einstein

Albert Einstein (1879–1955) war einer der größten und auf jeden Fall der öffentlichkeitswirksamste Physiker aller Zeiten. Ähnlich wie die Genies des Altertums und der frühen Neuzeit, Aristoteles und Newton, trug er zu vielen Gebieten der Physik Entscheidendes bei. So machte er 1905, in seinem »annus mirabilis« (Wunderjahr) gleich drei bahnbrechende Entdeckungen: Er bewies, dass Licht Teilcheneigenschaften besitzt, erklärte die Brownsche Bewegung (und damit die atomaren Grundlagen der Wärmelehre) und schuf die spezielle Relativitätstheorie mitsamt der weltbekannten Formel $E = mc^2$. Mit der experimentellen Bestätigung der allgemeinen Relativitätstheorie wurde er 1919 zum »Weltstar«. Er trat vehement für Frieden, Demokratie und Toleranz ein und wurde so zum Vorbild nachfolgender Generationen von Wissenschaftlern.

Albert Einstein spricht 1950 zur Frage des atomaren Wettrüstens.

Die Lichtgeschwindigkeit

Dreh- und Angelpunkt der *speziellen Relativitätstheorie* ist die Aussage, dass nichts – weder Materie noch Informationen – schneller als das Licht sein kann. Dies widerspricht eindeutig unserer Alltagserfahrung: Schließlich ist doch, wenn ich aus einem mit 200 km/h fahrenden Zug eine Gewehrkugel mit der Geschwindigkeit 2800 km/h nach vorne abschieße, deren Geschwindigkeit 3000 km/h. Also müsste, wenn ich mit drei Vierteln der Lichtgeschwindigkeit fahre und eine Kugel mit drei Vierteln der Lichtgeschwindigkeit abschieße, deren Geschwindigkeit das Eineinhalbfache der Lichtgeschwindigkeit betragen!

Der exakte Wert der Lichtgeschwindigkeit, abgekürzt »*c*«, ist im Vakuum 299 792 458 m/s. »Exakt« meint hier übrigens wirklich »exakt«, denn das Meter ist als Längeneinheit gerade als genau die Strecke definiert, die das Licht im Vakuum in der Zeit 1/299 792 458 s zurücklegt.

Ein berühmter Versuch, den in den 1880er-Jahren Albert Abraham Michelson (1852–1931) und Edward Morley (1838–1923) durchgeführt haben (und der seitdem unzählige Male wiederholt wurde), beweist das Gegenteil. Vereinfacht ausgedrückt hat Michelson Licht mit der Laufrichtung der Erde und entgegengesetzt laufen lassen. Die Geschwindigkeit des Lichts war in beiden Fällen gleich – ein erster Beleg dafür, dass sie es in allen bewegten und unbewegten Bezugssystemen ist. Die Ergebnisse des Michelson-Versuchs und vieler anderer Experimente lassen sich nur dann erklären, wenn man zwei Geschwindigkeiten v_1 und v_2 nicht nach der Formel $v = v_1 + v_2$ addiert, sondern stattdessen den Ausdruck

$$v = \frac{v_1 + v_2}{1 + \frac{v_1 \cdot v_2}{c^2}}$$

verwendet (*c* steht für die Lichtgeschwindigkeit).

Man muss also die sich klassisch ergebende Geschwindigkeit v durch einen Korrekturfaktor teilen, dessen Wert immer zwischen 1 und 2 liegt. Bei niedrigen Geschwindigkeiten ist er nahe 1, sodass die relativistische Addition der klassischen Addition entspricht. Bei hohen Geschwindigkeiten ist er nahe 2, sodass das Ergebnis *c* auf keinen Fall überschreiten kann.

Addieren Sie $c + c$, setzen also $v_1 = v_2 = c$! – Sie erhalten mit der Formel $(c + c)/(1 + c^2/c^2) = 2c/2 = c$, kurz: *c* und *c* gibt *c*. Ein anderes Beispiel: die Addition einer Geschwindigkeit von 90 % und einer von 80 % der Lichtgeschwindigkeit ergibt $0{,}9c + 0{,}8c = 1{,}7c/(1 + 0{,}72) = (1{,}7/1{,}72)c = 0{,}988c$, also 98,8 % der Lichtgeschwindigkeit.

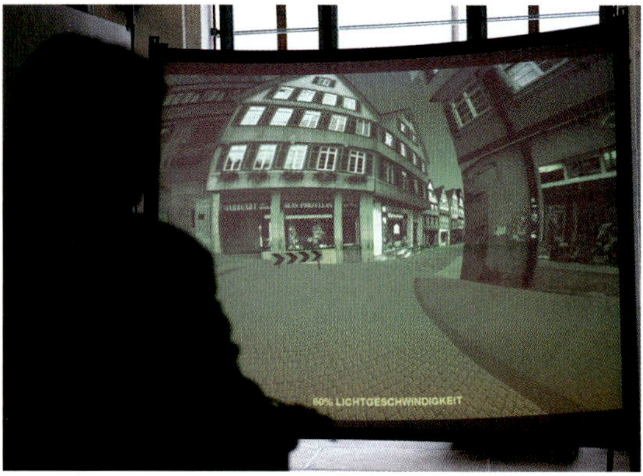

In einer Computersimulation radelt ein Ausstellungsbesucher durch die Tübinger Altstadt – mit 60 % der Lichtgeschwindigkeit! Auf diese Weise lassen sich die Effekte der speziellen Relativitätstheorie in der Alltagswelt veranschaulichen.

Bezugssysteme

Neben der absoluten Konstanz der Lichtgeschwindigkeit hat die spezielle Relativitätstheorie noch eine zweite Grundannahme: alle Inertialsysteme sind gleichwertig, das Universum hat keinen ausgezeichneten »Mittelpunkt« (dies nennt man auch das *Einsteinsche spezielle Relativitätsprinzip*). Was bedeutet dies? Ein *Inertialsystem* ist ein Beobachtungs- oder Bezugssystem, in dem keine Beschleunigung auftritt. Einige Beispiele: Ein Beobachter, der am Straßenrand sitzt, befindet sich in einem Inertialsystem, ebenso jemand, der im Auto mit konstanter Geschwindigkeit geradeaus fährt. Das Gleiche gilt für die Besatzung eines Raumschiffs, das im luftleeren Weltall seine Triebwerke abgeschaltet hat. Nicht in einem Inertialsystem sind Kinder auf einem sich drehenden Karussell oder Insassen eines startenden (oder landenden) Flugzeugs.

Die *Gleichberechtigung aller Inertialsysteme* bedeutet, dass Längen- und Zeitmessungen nicht unbedingt in allen Systemen das gleiche Ergebnis haben müssen, und dass niemand sagen kann, seine Messung sei »richtiger« als die eines anderen Beobachters (vorausgesetzt, er macht keine Messfehler!). Diese Aussage scheint spitzfindig zu sein, da ja unserer Erfahrung nach Raum und Zeit sowieso unveränderliche Grundpfeiler unserer Erkenntnisse sind. Doch der Schein trügt: Bewegen sich zwei (inertiale) Beobachter mit hoher Geschwindigkeit aneinander vorbei, so messen sie tatsächlich Längen und Zeiten in unterschiedlicher Weise. Dies ist eine direkte Konsequenz von Relativitätsprinzip und Konstanz der Lichtgeschwindigkeit und in unzähligen Experimenten mit hoher Präzision bestätigt worden. Raum und Zeit (und auch Gleichzeitigkeit und Masse) sind, wie wir sehen werden, vom Beobachter abhängig, also »relativ« – daher der Name der Theorie.

Zeitdilatation – bewegte Uhren gehen langsamer

Betrachten wir zunächst, wie ein inertialer, also unbeschleunigter Beobachter B die Zeit messen würde, die in einem Inertialsystem vergeht, das schnell an ihm vorbeifliegt. Wir benutzen hierzu (in Gedanken) eine sog. Lichtuhr in einem Raumschiff, das von Astronaut A gesteuert wird. Am unteren Ende eines 0,5 m langen Stabes befinden sich eine Blitzlichtlampe und ein Lichtsensor, am oberen Ende ein Spiegel. Die Lampe sendet einen Lichtpuls, der wird gespiegelt und vom Sensor registriert, woraufhin sofort der nächste Lichtblitz losgeschickt wird. Nach 299 792 458 Lichtpulsen, die jeweils 1 m zurückgelegt haben, ist für Astronaut A eine Sekunde vergangen.

Nun lassen wir die Lichtuhr mit hoher Geschwindigkeit an unserem Beobachter B vorbeifahren. B ersieht aus der Anzeige der Uhr, wann 299 792 458 Lichtblitze registriert worden sind. Für ihn haben sich aber Lampe, Spiegel und Sensor während der Pulslaufzeiten seitlich weiterbewegt, das Licht für ihn hat also mehr als 1 m zurückgelegt, z. B. jeweils 1,25 m. Licht braucht aber in allen Systemen für eine 299 792 458 × 1,25 m lange Strecke nicht eine, sondern 1,25 Sekunden – die Lichtgeschwindigkeit ist ja überall gleich. Das bedeutet: die Zeitspanne, die A in seinem Schiff als 1 s misst, nimmt der ruhende Beobachter B als

In jedem Inertialsystem läuft die Zeit mit einer eigenen Geschwindigkeit ab. In einem Inertialsystem, das sich relativ zum Beobachter bewegt, scheint die Zeit langsamer abzulaufen als im System des Beobachters.

Modell einer Lichtuhr. Im System des Astronauten kommt der Lichtblitz nach 1 s am Sensor an (links). Aus Sicht des Beobachters B, an dem die Uhr vorbeifliegt, ist der Lichtweg länger und jeder Puls läuft 1,25 s. Die »bewegte Zeit« vergeht langsamer!

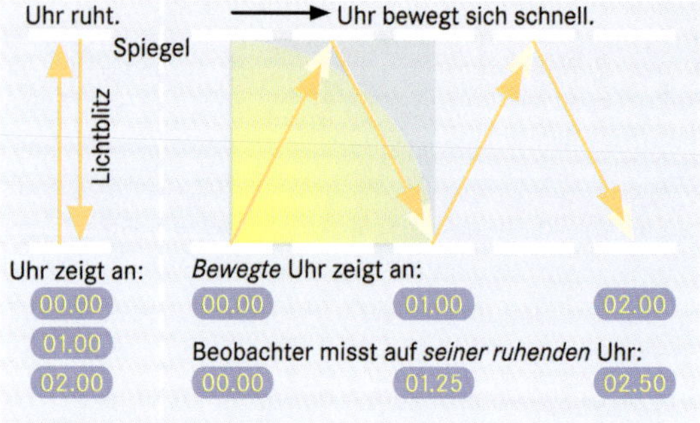

1,25 s wahr. Wer hat Recht? Beide, denn alle Inertialsysteme sind gleichberechtigt!

Die Verlangsamung der Zeit in bewegten Systemen, auch *Zeitdilatation* (Zeitdehnung) genannt, lässt sich berechnen: Wenn Beobachter B t_B Sekunden lang den Astronauten A betrachtet, der sich mit der Geschwindigkeit v an ihm vorbeibewegt, vergehen für A in seinem System nur

$$t_A = t_B \times \sqrt{1 - \frac{v^2}{c^2}}$$

Sekunden. Für Licht bzw. Photonen, also für $v = c$, ist $t_A = 0$ – die Zeit eines Photons scheint für einen unbewegten Beobachter stillzustehen.

Wer schneller fliegt, lebt länger …

Spielt die Zeitdilatation in der Realität wirklich eine Rolle? Ja, denn die leichten Elementarteilchen können die erforderlichen hohen Geschwindigkeiten erreichen. Aufgrund der kosmischen Strahlung entstehen in der Erdatmosphäre in ca. 10 km Höhe Myonen. Diese zerfallen nach durchschnittlich etwa 2 µs – gemessen in ihrem Ruhesystem. Selbst mit Lichtgeschwindigkeit kämen sie in 2 µs nur 600 m weit. Doch da für sie die Zeit, wenn sie mit fast Lichtgeschwindigkeit auf die Erde zurasen, langsamer vergeht, erreicht fast die Hälfte von ihnen noch den Erdboden und kann mit Detektoren nachgewiesen werden. Eine Messung der auf Berggipfeln bzw. am Meeresspiegel ankommenden Myonen ist daher einer der vielen experimentellen Belege für die Korrektheit der speziellen Relativitätstheorie.

Längenkontraktion

Den Fall der Myonen, die innerhalb ihrer eigentlich viel zu kurzen Lebenszeit doch den Erdboden erreichen können, müssen wir nun noch einmal aus Sicht der Myonen betrachten. Für Beobachter am Erdboden erreichen die Myonen ja deshalb den Meeresspiegel, weil ihre »innere Uhr« aus Sicht der ruhenden Erde langsamer tickt. Aus Sicht der Myonen hat es jedoch keine Bedeutung, dass auch umgekehrt die Uhren auf der Erde langsamer zu gehen scheinen. Schließlich ist es die »innere Uhr« des Myons, die seinen Zerfall bestimmt, und der tritt nach 2 μs bzw. rund 600 m Flugstrecke ein. Wenn die Myonen aber dennoch den Meeresspiegel erreichen, lässt dies nur einen Schluss zu: Aus Sicht des Myons hat sich die Flugstrecke von 10 km (im System der Erde) auf 600 m verkürzt. Dieser Effekt ist die sog. *relativistische Längenkontraktion*. Man kann diese in einem ähnlichen Gedankenexperiment wie dem mit der Lichtuhr auch allgemein herleiten.

Die Länge in einem bewegten Inertialsystem erscheint dem ruhenden Beobachter im Übrigen nur in Bewegungsrichtung verkürzt. Senkrecht dazu findet keine Kontraktion statt. Dass nur eine von drei Raumdimensionen verkürzt ist, führt übrigens zusammen mit der endlichen Lichtlaufzeit dazu, dass das Myon die Erde beim Vorbeiflug nicht als »Scheibe«, sondern im Wesentlichen gedreht wahrnimmt (wie viele relativistische Effekte schwer vorstellbar, aber wahr …).

Wie die Zeitdilatation lässt sich auch die Längenkontraktion berechnen. Misst ein ruhender Beobachter B die Länge eines vorbeifliegenden Raumschiffs als x_B, dann erscheint diese Strecke für den im Schiff sitzenden Astronauten A nur als die Länge

$$x_A = x_B \times \sqrt{1 - \frac{v^2}{c^2}}$$

zu haben.

Wie im Elektromagnetismus-Kapitel schon angedeutet, sind Zeitdilatation und Längenkontraktion in der klassischen Theorie des Elektromagnetismus bereits angelegt: Auf ihnen basiert die Umrechnung zwischen elektrischen und magnetischen Feldern, und das Verhalten schnell bewegter Elektronen erfordert ebenfalls genau diese Form der Transformation von Raum und Zeit.

Das Zwillingsparadoxon

Ein Zwillingspaar ist unterschiedlich begabt. Die eine Schwester ist Künstlerin und irdischen Dingen zugewandt. Die andere zieht es zum Abenteuer, sie wird Astronautin. Im Jahr 2010 – beide Zwillingsschwestern sind 30 Jahre alt – fliegt die Astronautenschwester fünf Jahre lang (aus Sicht der Erde) mit 90 % der Lichtgeschwindigkeit zu einem 4,5 Lichtjahre entfernten Zielstern. Dort forscht sie kurz und kehrt, wieder mit 0,9 *c*, zur Erde zurück (ein Lichtjahr ist die Strecke, die Licht in einem Jahr zurücklegt, etwa 9,5 Billionen Kilometer).

Im System der Erdschwester E vergeht die Zeit der Astronautenschwester A während des Hinflugs deutlich langsamer als ihre eigene Zeit auf der Erde. Gemäß der Gleichung zur Zeitdilatation zeigt die Borduhr nur 26 Monate an. Und da der Weg zum Zielstern »längenkontrahiert« ist (der Stern fliegt ja mit 0,9 *c* auf A zu), vergehen auch für A in ihrer eigenen Bordzeit nur 26 Monate. Für den Rückweg gilt das Gleiche. Insgesamt ist also A in den 10 Jahren Erdzeit, die sie unterwegs war, nur 52 Monate, also etwas mehr als 4 Jahre, älter geworden.

Betrachten wir die Vorgänge nun aus A's Sicht. Für sie fliegt die Erde 26 Monate lang von ihr weg, danach die gleiche Zeit wieder auf sie zu. Während dieser 52 Monate läuft die Uhr auf der bewegten Erde langsamer als ihre eigene, für sie ruhende Borduhr. Wenn sie ihre Reise nach gefühlten 52 Monaten beendet, müssten aus ihrer Sicht auf der Erde nur 1,9 Jahre vergangen zu sein. Sie ist vier Jahre gealtert, ihre Schwester E nur 1,9 Jahre. Wenn beide Schwestern aber wieder gemeinsam auf der Erde stehen, dann muss E ein eindeutiges Alter haben – 1,9 Jahre oder 10? Und beide haben ja nach Einstein gleiches Recht, ihren Uhren (bzw. Kalendern) zu vertrauen!

Die Auflösung dieser paradoxen Situation findet sich im Wendemanö-

Würde Hollywood-Star Ashley Olsen (links) für einige Jahre ins All verreisen, sähe ihre Zwillingsschwester Mary-Kate anschließend relativ alt aus …

ver des Raumschiffs – hier (sowie bei Start und Landung auf der Erde) muss A nämlich ganz erheblich bremsen und beschleunigen. Sie befindet sich währenddessen nicht mehr in einem Inertialsystem und ist damit auch nicht mehr »relativistisch gleichberechtigt«. Das Resultat einer gründlichen Analyse dieser Situation ist, dass während der nicht inertialen Flugphasen E aus Sicht von Schwester A die fehlenden 68 Monate »aufholt«. Auch für A vergehen also während ihrer Reise auf der Erde insgesamt 10 Jahre – so wie es die Uhr der erdverbundenen E anzeigt.

Ursache für die Auflösung des scheinbaren Widerspruchs sind allerdings nicht die Beschleunigung und Abbremsung selbst, welche A bei ihrem Wendemanöver erfährt. Vielmehr rührt diese vom Verlust der Gleichzeitigkeit bei der Umkehr der Geschwindigkeit her. Nehmen wir an, Schwester E würde regelmäßig Geburtstags-E-Mails an A (mit Lichtgeschwindigkeit) übermitteln. Während der Hinreise kommen zwei E-Mails an, wegen der Lichtlaufzeit entsprechend verspätet. Auf der Rückreise sind es wiederum zwei, diesmal verfrüht. Während der Wende hingegen tauchen im Postfach von A plötzlich fünf weitere Geburtstags-E-Mails von E auf. A empfängt somit während Hin- und Rückflug je zwei Geburtstagsgrüße von ihrer Schwester E und während der Wende fünf, insgesamt also neun (den zehnten Geburtstag feiern sie ja wieder zusammen auf der Erde). A schickt hingegen an E nur vier Geburtstags-E-Mails ab, bevor sie wieder auf der Erde eintrifft.

Die reisende Schwester altert somit tatsächlich langsamer und dies ist weder für sie noch für ihre Schwester ein Widerspruch zu ihren Beobachtungen oder den Gesetzen der Physik.

Gleichzeitigkeit

Zwei Ereignisse sind dann gleichzeitig, wenn man sie in einem gegebenen Bezugssystem gleichzeitig wahrnimmt – und können damit in einem anderen System zu verschiedenen Zeitpunkten geschehen! Betrachten wir einen Zug, der mit halber Lichtgeschwindigkeit an einem Bahnsteig vorbeifährt. An den Bahnsteigenden befindet sich je eine Blitzlampe, in der Mitte des Zuges sitzt ein Reisender R. Nun stellen wir uns auch noch einen Zuschauer Z auf der Mitte des Bahnsteigs vor, an dem der Zug vorbei fährt. Um leichter rechnen zu können, machen wir den Zug wie auch den Bahnsteig sehr lang: jeweils 300 000 km. Die Blitzlampen zünden, wenn die Zugspitze genau das hintere Bahnsteigende erreicht hat (und das Zugende das andere Bahnsteigende). Dies lässt sich mit einem einfachen Schaltkontakt realisieren.

Aus Sicht von Z kommen beide Blitze nach einer halben Sekunde bei ihm an, für ihn haben sie also gleichzeitig aufgeleuchtet. In R's Bezugssystem sieht die Situation jedoch etwas anders aus: Der Lichtblitz vom vorderen Ende des Bahnsteigs kommt schon nach deutlich kürzerer Zeit an, da er ihm ja mit seinem Zug entgegengefahren ist. Entsprechend später erreicht ihn das andere Lichtsignal. Damit sind nicht nur Längen und Zeitdauern, sondern auch die Gleichzeitigkeit »relativ«, also vom Bewegungszustand des Beobachters abhängig.

Massenzuwachs

Auch in der Speziellen Relativitätstheorie gilt – wie überall in der Physik – das Gesetz der Energieerhaltung. Wenn ich ein Objekt beschleunige, ihm also kinetische bzw. Bewegungsenergie zufüge, nimmt dessen Gesamtenergie zu. In der klassischen Mechanik galt, wir erinnern uns, dass die Bewegungsenergie gleich der Masse des Objekts mal dem Quadrat der Geschwindigkeit ist ($E = mv^2$). Wenn die Bewegungsenergie zunimmt, nimmt also auch die Geschwindigkeit zu, da man die Masse intuitiv als eine unveränderliche Größe ansieht. Nun hat aber Einstein gezeigt, dass die Geschwindigkeit nicht beliebig anwachsen kann. Darum muss die Bewegungsenergie anderswo »untergebracht« werden – es bleibt nur eine Vergrößerung der Masse, und zwar umso mehr, je näher man der Lichtgeschwindigkeit kommt! Dies gilt natürlich aus Sicht eines ruhenden Beobachters – dessen Masse seinerseits einem vorbeifliegenden Raumschiff entsprechend vergrößert vorkäme.

Ein berühmter Summand

In Formeln ausgedrückt ist die relativistische Massenzunahme ein recht komplizierter Ausdruck, doch kann man sie folgendermaßen zusammenfassen:

$$E = m_0c^2 + \frac{1}{2}\, m_0v^2 + \text{weitere Terme}$$

m_0 ist die Ruhemasse eines Objekts, also der Wert der Masse bei $v = 0$. Die Energie setzt sich also aus der klassischen Bewegungsenergie, weiteren (komplizierten) Ausdrücken und dem Produkt aus Ruhemasse und Quadrat der Lichtgeschwindigkeit zusammen. Hier kommt also »$E = mc^2$«, die bekannteste Formel der Physikgeschichte ins Spiel! Interpretieren lässt sie sich folgendermaßen: Zur Gesamtenergie eines Körpers trägt neben vielen anderen Energieformen auch die Ruhemasse als sog. *Ruheenergie* bei. Wegen des Faktors c^2 handelt es sich selbst bei Elementarteilchen und Atomen um eine enorme Energiemenge, wie bei Kernwaffenexplosionen oder im Kernfusionsfeuer der Sonne deutlich wird.

Ein paar Beispiele: Ein Elektron wiegt im Ruhezustand etwa 9×10^{-31} kg. Beschleunigt man es auf 90 % der Lichtgeschwindigkeit, dann beträgt seine »relativistische Masse« im Laborsystem schon das 2,3-Fache seiner Ruhemasse. Die hierfür benötigte Energie ist mit 661000 eV gar nicht mal so groß. Richtig spannend wird der Massenzuwachs aber, wenn schwerere Teilchen auf riesige Energien gebracht werden. Am Teilchenbeschleuniger LHC in Genf werden Atomkerne des Elements Blei auf die Energie 1150 Billionen eV beschleunigt. Die relativistische Masse eines Bleikerns ist dann etwa 5800-mal größer als seine Ruhemasse. Würde man einen Menschen von 80 kg Masse so stark beschleunigen, dann hätte er eine relativistische Masse von über 450 Tonnen!

Gekrümmte Raumzeit – die allgemeine Relativitätstheorie

Mit der allgemeinen Relativitätstheorie ging Einstein 1915 noch einmal einen radikalen Schritt weiter, um das Relativitätsprinzip auch auf beschleunigte Systeme ausdehnen zu können. Er forderte dazu, dass Schwerkraft und Beschleunigung ein und dasselbe sind, ein Gravitationsfeld somit die gleiche Wirkung auf ein Objekt hat wie eine Beschleunigung. Konkret bedeutet dies z. B., dass ich in einem völlig abgeschlossenen Fahrstuhl nicht entscheiden kann, ob ich nach oben beschleunigt oder von der Schwerkraft nach unten gezogen werde.

Die Folgerungen hieraus sind dramatisch. Wir haben ja gesehen, dass in der speziellen Relativitätstheorie Raum und Zeit eng miteinander und mit dem Bewegungszustand eines Beobachters verknüpft sind. Indem er die Masse als Quelle der Schwerkraft in diese Verknüpfung miteinbezog, gelangte Einstein zu der Erkenntnis, dass eine beschleunigte Bewegung eine Bewegung durch eine verformte Raumzeit ist – und die Masse der umliegenden Körper die Ursache dieser Verformung ist! Anders ausgedrückt: Wenn wir denken, die Erde übe eine Massenanziehung auf uns aus, dann krümmt sie in Wirklichkeit Raum und Zeit derart, dass wir auf den Erdkern zu beschleunigt werden. Jeder freie Fall folgt dem kürzesten Weg durch die gekrümmte Raumzeit.

Ist dies nun nur eine extravagante Sichtweise auf einen banalen Vorgang? Nein, denn sie hat Konsequenzen! Lichtteilchen, also Photonen, sind masselos, dürf-

Gravitationslinseneffekt: Die verschiedenen Kreisbögen sind Bilder von entfernten Galaxien, die von der großen Masse des Galaxienhaufens Abell 1689 vergrößert und verzerrt werden.

ten also nach klassischer Sicht nicht von schweren Massen abgelenkt werden. Genau dies ist aber der Fall: Die Sonne lenkt – wegen der von ihrer immensen Masse hervorgerufenen Raumkrümmung – das Licht von hinter ihr liegenden Sternen auf genau zu berechnende Weise ab. Bei einer totalen Sonnenfinsternis konnten so schon im Jahr 1919 Sternpositionen nahe der Sonne mit den Positionen der Sterne zu anderen Jahreszeiten verglichen werden. Die vorhergesagte Abweichung der Sternpositionen war korrekt und Einstein über Nacht ein »Star«.

Massen können also Licht beeinflussen, sehr große Massen (Galaxienhaufen) sogar als »Gravitationslinsen« das Licht von dahinter liegenden Sternen und Galaxien ablenken und bündeln. Und auch Sterne und sogar Planeten zeigen einen sog. Mikrogravitationslinseneffekt: Liegen sie genau in einer Sichtlinie mit einem Hintergrundstern, verstärken sie dessen Licht in charakteristischer Weise. Aufgrund seiner Wirkung als Mikrogravitationslinse wurde bereits ein ansonsten unsichtbarer Exoplanet, ein um einen fremden Stern kreisender Planet, entdeckt!

Satellitennavigation

Satelliten-Navigationssysteme (»Navis«) wie das US-amerikanische »GPS« (»Global Positioning System«) oder das im Aufbau befindliche europäische System »Galileo« nutzen die Laufzeit von elektromagnetischen Wellen zur Ortsbestimmung auf der Erde.
Sendet ein Satellit zu einer genau bekannten Zeit ein »Ping« im GHz-Frequenzbereich, dann folgt aus der Ankunftszeit am Empfängerstandort sofort dessen Entfernung zum Satelliten. Damit muss sich der Empfänger auf demjenigen Kreis auf der Erdoberfläche befinden, der gerade diesen Abstand zum Satelliten hat. Nimmt man einen zweiten Satelliten dazu, dann erhält man einen zweiten Kreis, der mit dem ersten genau zwei Punkte gemein hat. An einem dieser beiden Orte befindet sich der Empfänger.

Auch das neue Trendhobby Geocaching – Schnitzeljagd mit GPS-Gerät – wäre ohne Relativitätstheorie nicht zu betreiben.

Ein dritter Satellit ergibt einen weiteren Kreis, der sich mit den anderen beiden Kreisen in je zwei Punkten schneidet. Wenn alle Messungen korrekt sind, dann gibt es genau einen Punkt, in dem alle drei Kreise zusammentreffen, dies ist die Position des Empfängers auf der Erdoberfläche. Hat man einen vierten Satelliten, dann kann man auch seine Höhe über dem Meeresspiegel bestimmen, weitere Satelliten verbessern die Genauigkeit.

Einer der technischen und (physikalischen!) Knackpunkte ist die exakte Messung von Zeit und Signalfrequenz bei Satelliten und Empfängern. Die Satelliten bewegen sich im Schwerefeld der Erde, ihre Bahnen wie auch die Pulsfrequenzen werden von Zeitdilatation und Raumzeit-Krümmung beeinflusst. Nur wenn man diese Effekte mit Einsteins Gleichungen berechnet und die Messdaten entsprechend korrigiert, kann man Genauigkeiten im Zentimeterbereich erreichen. Dass dies so brillant funktioniert, ist also ein direkter Beweis für die Gültigkeit von Einsteins Theorien!

Das große Ganze: Kosmologie

Das griechische Wort »Kosmos« hat viele Bedeutungen – Welt, Ordnung, Schmuck, Gestalt, Leute und auch das Universum als Ganzes. In diesem Sinne ist die Kosmologie die Wissenschaft vom großen Ganzen, von der Entstehung, der Struktur und dem zukünftigen Schicksal des Weltalls. Dazu zählen Fragen nach dessen Größe und Dauer ebenso wie nach Natur und Herkunft seiner verschiedenen Bestandteile. Dies beginnt bei den kleinsten Bauteilen unserer Materie, den Elementarteilchen, und reicht bis zu den größten Strukturen wie Galaxien, Galaxienhaufen und -superhaufen. Somit versucht die Kosmologie die grundlegenden Fragen zu beantworten, die sich sicherlich jeder schon einmal gestellt hat: Woher kommen wir, wohin gehen wir, gab es einen Anfang und wird es ein Ende geben?

Sinnbild für die Kosmologie: Was liegt jenseits des Himmelsgewölbes? Dieser bekannte Holzschnitt im mittelalterlichen Stil stammt in Wirklichkeit aus dem Jahre 1888.

Die Spektrallinien liegen falsch

Im vorletzten Kapitel haben wir bereits die große Rolle der Spektralanalyse für die Astronomie angesprochen. Das Muster der Linien in einem Sternenspektrum spiegelt direkt seine chemische Zusammensetzung wider. Umgekehrt sollte man die typischen Linien etwa des Wasserstoffs, des häufigsten Elements im Universum, in allen kosmischen Lichtquellen an der gleichen Position im Spektrum, d. h. bei der gleichen Wellenlänge wiederfinden.

Nun zeigen aber Beobachtungen, dass dies mitnichten so ist. Manche benachbarte Sterne haben Linien, die zum blauen, kurzwelligen Ende des sichtbaren Spektralbereichs verschoben sind. Andere scheinen *rotverschoben*, sie stehen bei einer zu großen Wellenlänge. Erklären kann man dies mit dem sog. *Doppler-*

effekt, benannt nach dem österreichischen Physiker Christian Andreas Doppler (1803–1853).

Der Dopplereffekt
Ganz allgemein gilt für alle Arten von Wellen Folgendes: Bewegt sich ein Beobachter auf eine Welle zu, z. B. in einem gegen den Wind fahrenden Schiff, dann erreichen ihn die Wellenberge und Wellentäler in schnellerer Abfolge als einen ruhenden Beobachter - die Frequenz der Welle wird höher. Umgekehrt nimmt die Frequenz ab, wenn man quasi vor der Welle wegläuft, da dann Berge und Täler in langsamerer Folge eintreffen. Auch beim Licht ist dies im Prinzip so, da es sich aber definitionsgemäß mit Lichtgeschwindigkeit fortpflanzt, müssen bei hohen Geschwindigkeiten hier zusätzlich die etwas komplizierteren Gesetze der Relativitätstheorie beachtet werden.
Der akustische Dopplereffekt, also der von Schallwellen, deren Frequenz wir als Tonhöhe wahrnehmen, ist übrigens ein ganz alltägliches Phänomen: Die Sirene eines Krankenwagens, der auf uns zufährt, klingt höher, als wenn der Wagen neben uns an der Ampel hält. Entfernt sich der Wagen wieder, wird der Sirenenton noch tiefer.

Mit dem Dopplereffekt schließen Astronomen, dass blauverschobene Spektrallinien von Sternen kommen, die sich auf uns zubewegen, und rotverschobene von sich entfernenden Sternen. Beispielsweise liegt die sog. H_β-Spektrallinie des Wasserstoffs im Labor bei 486,1 nm. Beobachtet man sie in einem Sternenspektrum bei 486,6 nm, dann ist diese Wellenlänge um 1/1000 ihres Wertes vergrößert, also rotverschoben. Daraus lässt sich errechnen, dass der Stern sich mit 1/1000 der Lichtgeschwindigkeit von der Erde fortbewegt, das sind etwa 300 km/s. Dies entspricht in etwa der Geschwindigkeit der Erde bei ihrem Lauf um die Sonne.

Da es heute außerordentlich präzise messende Spektrografen gibt, kann man mithilfe des Dopplereffekts auch messen, wie zwei Sterne umeinander oder sogar ein Planet um einen Stern kreisen. In diesen Fällen werden die Spektrallinien nämlich immer abwechselnd blau- und rotverschoben.

Galaxien sind Sternensysteme mit einigen hundert Milliarden Sternen. Unsere eigene Galaxie ist die *Milchstraße*, unsere größte Nachbargalaxie ist die gerade noch mit bloßem Auge erkennbare *Andromeda-Galaxie*, auch Andromedanebel genannt.

Flüchtende Galaxien

Als es in der ersten Hälfte des 20. Jahrhunderts möglich geworden war, das Licht von entfernten Galaxien spektroskopisch zu untersuchen, beobachtete man Erschreckendes: Alle Galaxien, egal wohin wir schauen, haben rotverschobene Spektren und entfernen sich somit von uns! Man könnte meinen, die Erde habe deswegen eine ganz besondere Position im Kosmos, sie befinde sich sozusagen im Nabel der Welt. Doch die genaue Analyse zeigt, dass die *Fluchtgeschwindigkeit* der Galaxien umso größer ist, je weiter sie von uns entfernt sind. Und das löst unsere scheinbare Sonderrolle auf. Dies sieht man, wenn man sich einen Hefekuchen mit Rosinen vorstellt, der beim Backen gleichmäßig aufgeht. Aus Sicht jeder Rosine entfernen sich alle anderen Rosinen vor ihr, und zwar umso schneller, je weiter die Rosinen weg sind. Unser Weltall ist also ein riesiger Rosinenkuchen, wobei die Galaxien die Rolle der Rosinen übernehmen und der leere Raum zwischen ihnen den Teig darstellt.

Wie alles begann: der Urknall

Es liegt nahe zu fragen, was die Expansion unseres kosmischen Hefeteigs für die Vergangenheit bedeutet. Offenbar müssen die Galaxien, wenn sie alle auseinanderlaufen, früher näher beisammen gewesen sein. Ja, es muss einen Zeitpunkt gegeben haben, an dem sie – oder das, was vor ihnen war – an einem einzigen Punkt unvorstellbar Dichte konzentriert gewesen sind. Dieser Moment, an dem alle Materie und vielleicht auch Raum und Zeit selbst entstanden sind, wird heute nach Sir Fred Hoyle (1915–2001) *Urknall* (»Big Bang«) genannt – obwohl Hoyle eigentlich ein Gegner der Urknalltheorie war. Die Idee geht zurück auf Georges Lemaître (1894–1966), der schon 1927 eine »Ur-Singularität« bzw. ein »Ur-Atom« als Beginn des Universums postuliert hatte. Heute kann man diesen Zeitpunkt ziemlich genau datieren: er war vor 13,7 ± 0,2 Milliarden Jahren.

Für das Urknallmodell gibt es mittlerweile so viele Indizien, dass es meist einfach das »Standardmodell« der Kosmologie genannt wird. Es setzt ungefähr 10^{-43} s nach dem Beginn von allem ein, ein recht solides Verständnis hat man ab etwa 10^{-35} s nach dem Urknall. Wir können deshalb im Folgenden eine kleine Zeitreise durch die Geschichte des Alls ab diesem Zeitpunkt machen, und uns so das heutige wissenschaftliche Bild vom Universum erschließen.

Was im exakten Moment des Urknalls und vorher geschah, und ob es ein Vorher überhaupt gab, ist heute nicht zu beantworten. Man müsste dazu mindestens Quantentheorie und Allgemeine Relativitätstheorie zusammenbringen, was bisher nicht gelungen ist. Dieses ist eine der wichtigsten offenen Fragen der Physik, wir werden darauf im folgenden Kapitel »Grenzen des Wissens« zurückkommen.

Die ersten 400 000 Jahre

In den ersten Sekunden des Universums sind viele entscheidende und natürlich auch spektakuläre Dinge passiert. Am erstaunlichsten ist vermutlich die sog. Inflationsphase (englisch »to inflate« bedeutet auch »aufblähen«): In der Zeit zwischen 10^{-35} s und 10^{-33} s Sekunden dehnte sich das Universum mit einem Vielfachen der Lichtgeschwindigkeit auf das 10^{30}- bis 10^{50}-Fache seiner vorherigen Größe aus. Anschließend war es immerhin etwa einen Meter groß. Da der Raum sich selbst ausdehnte, stellt dieses aberwitzige Ausdehnungstempo keinen Widerspruch zur speziellen Relativitätstheorie dar, die nur überlichtschnelle Geschwindigkeiten *im* Raum verbietet.

Nach der Inflation entstanden zwischen 10^{-33} s und 10^{-6} s nach dem Urknall Quarks, Antiquarks und Gluonen, die zunächst frei existierten, ohne in Baryonen oder Mesonen gebunden zu sein. Diese Ära bezeichnet man auch als Zeit des *Quark-Gluonen-Plasmas*. Nach 10^{-6} s bildeten sich zunächst aus den Quarks Protonen und Neutronen, dann materialisierten die leichten Elektronen und Positronen. Außerdem entstanden während der ersten Sekundenbruchteile unzählige Neutrinos. Als das Universum eine Sekunde alt war, war die Temperatur von anfänglichen 10^{32} K auf »nur noch« 10^{10} K (zehn Milliarden Kelvin) abgesunken. Alle heutigen Bausteine der Materie waren nach einer Sekunde entstanden. Allerdings hat nur etwa ein Milli-

In der Phase direkt nach dem Urknall wurden keine Kerne von Elementen erzeugt, die schwerer als Beryllium (Ordnungszahl 4) sind. Dies geschah erst viele Millionen Jahre später durch Kernfusion in Sternen. Dass die Erde und auch wir selbst überhaupt Kohlenstoff und Sauerstoff und weitere schwere Elemente enthalten, zeigt, dass fast alle unsere Atome einmal im Inneren eines Sterns gesteckt haben müssen. Und mehr noch: Die Elemente jenseits vom Eisen, also zum Beispiel Kupfer, Silber oder Gold, waren sogar einmal Zeuge einer gigantischen Sternexplosion, einer Supernova, da sie nur dort entstehen können.

ardstel der ursprünglichen Materie überlebt – der Rest zerstrahlte bei Materie-Antimaterie-Kollisionen. *Dass* überhaupt Materie übergeblieben ist, deutet auf eine grundlegende und im Detail noch nicht verstandene Asymmetrie der Naturgesetze hin.

Bei einem Weltalter von etwa zehn Sekunden bis fünf Minuten fusionierten Protonen und Neutronen zu den leichten Atomkernen Helium, Lithium und (in Spuren) Beryllium. Danach waren Temperatur und Dichte schon zu gering für die Kernfusion. Mit vielen tausend Grad war es allerdings noch heiß genug, dass positiv geladene Atomkerne und negativ geladene Elektronen ungebunden im Plasmazustand vorlagen. Solch ein Plasma steht in fortwährender Wechselwirkung mit der elektromagnetischen Strahlung, d. h. den Photonen, sodass es undurchsichtig ist. Ein Photon kann nur eine extrem kurze Wegstrecke zurücklegen, bis ein Plasmateilchen es absorbiert, seine Energie aufnimmt und sofort wieder abstrahlt.

Ein Modell der Evolution des Universums. Hier läuft die Zeitachse von links nach rechts, eine der drei Raumdimensionen ist nicht dargestellt. In den ersten Sekundenbruchteilen, der »kosmischen Inflation«, dehnte sich das Universum extrem schnell aus. Im Laufe der Jahrmilliarden expandierte es langsam weiter und kühlte dabei immer weiter ab, Galaxien und Sterne formten sich. Heute hat sich die Expansion im kosmischen Maßstab wieder leicht beschleunigt. Das Problem einer solchen Darstellung: Es gibt im realen Universum kein »Außerhalb«, wie es die Abbildung suggeriert.

Das Echo des Urknalls

Nach knapp 400 000 Jahren (bisher sprachen wir über Minuten!) war das Universum so weit abgekühlt, dass sich aus den Kernen und Elektronen des kosmischen Plasmas neutrale Atome bilden konnten. Damit wurde das Weltall schlagartig durchsichtig. Photonen konnten nun – in einem neutralen Gas – plötzlich fast beliebig weit durch das Universum fliegen. Die von diesem Ereignis herrührende *kosmische Hintergrundstrahlung*, die bei der ersten kosmischen Neutralisierung frei wurde, sehen wir heute noch! Wir empfangen dabei nicht die Photonen, die in unserem Stück des Universums entstanden sind, sondern diejenigen, die uns jetzt auf ihrer seit der kosmischen Urzeit andauernden Reise erreichen.

Ein Lichtjahr ist die Strecke, die das Licht in einem Jahr zurücklegt. Das sind 9,461 × 10^{15} m oder rund zehn Billionen Kilometer bzw. 60 000-mal mehr als der Abstand Erde–Sonne.

Denken wir noch einmal zurück an den Rosinenkuchen: Das Durchsichtigwerden bedeutet in diesem Bild, dass der Teig mit einem Schlag und restlos verschwunden ist. Man sieht dies aber nicht überall gleichzeitig, da das Licht sich logischerweise nur mit Lichtgeschwindigkeit ausbreiten kann. Was wir heute sehen, sind die vom Teig befreiten Rosinen, wie sie vor etwas weniger als 13,7 Milliarden Jahren ausgesehen haben. Der Ort, an dem sie sich damals befanden, ist heute 13,7 Milliarden Lichtjahre entfernt. Er bewegt sich so schnell von uns fort, dass die Hintergrundstrahlung extrem rotverschoben ist. Das spektrale Maximum liegt nicht mehr bei der Temperatur von 3000 Kelvin, bei der das Weltall durchsichtig geworden ist, sondern bei nur noch 2,7 K. Dies liegt im Mikrowellenbereich des Spektrums, wo sie 1965 von Arnold A. Penzias und Robert W. Wilson zufällig entdeckt wurde.

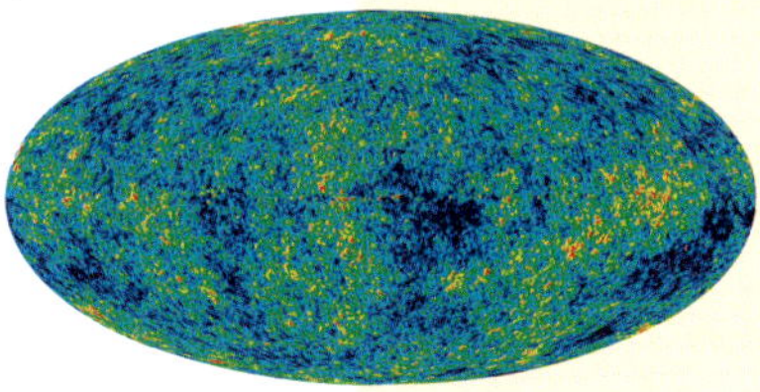

Die kosmische Hintergrundstrahlung ist äußerst gleichförmig: Diese den gesamten Himmel überspannende, aus Satellitenmessungen gewonnene Karte zeigt Abweichung von maximal 0,2 Millikelvin, also nur 0,01 %.

Entstehung großräumiger Strukturen

Auch nachdem das Universum die Temperatur von 3000 Kelvin unterschritten hatte und durchsichtig geworden war, dehnte es sich weiter aus. Dabei wurde es – wie jedes expandierende Gas – kühler und kühler, wobei die Strahlung einen immer kleineren Einfluss auf die Bewegungen der Materiepartikel hatte. Die Schwerkraft begann, zu dominieren.

Was passiert nun mit einem Gas, das nur unter dem Einfluss seiner eigenen Schwerkraft steht? Solange es perfekt gleichmäßig verteilt ist, geschieht gar nichts. In der Realität gibt es aber keine perfekte Symmetrie, sondern es treten minimale Unregelmäßigkeiten auf – und seien es nur Relikte von Quantenfluktuationen aus

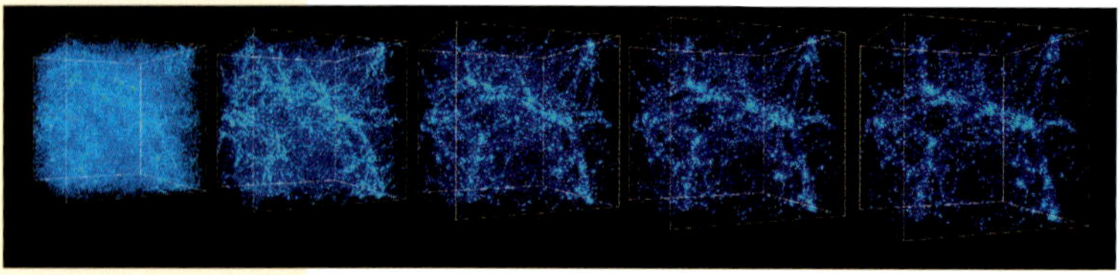

Simulation der Strukturbildung. Links das noch recht junge Universum bei einer Rotverschiebung von 10, rechts das heutige Universum mit Filamentstrukturen, Voids und Superhaufen.

der Zeit direkt nach dem Urknall. Es gab also Stellen mit geringfügig höherer Materiedichte und einer entsprechend um ein Winziges erhöhten Schwerkraft. Diese zog ganz allmählich weitere Moleküle aus der Nachbarschaft an und das Gas begann, sich an diesen Orten zusammenzuziehen.

Dies ist im Kosmos an sehr vielen Stellen zugleich geschehen. Nach etwa einer Million Jahre gab es erste großräumige Gasansammlungen, aus denen sich dann Galaxien, Sternhaufen und Sterne entwickelten.
Die Strukturbildung ist bis heute nicht abgeschlossen. Das Auseinanderstreben unserer kosmologischen Rosinen wird durch kleinskaligere Bewegungen überlagert. Es gibt Bereiche mit hoher Galaxiendichte, die als Gravitationszentren weiter entfernte Galaxien wie auch intergalaktische Gaswolken anziehen. Dies sind die *Galaxienhaufen*. Manchmal bilden Galaxienhaufen noch größere Strukturen, die sog. *Superhaufen*. Andere Bereiche des Alls wiederum sind beinahe leer – man nennt sie nach dem englischen Begriff für »leer« *Voids*. Um die Voids herum bilden Galaxienhaufen und Superhaufen flache oder fadenartige Strukturen (letztere heißen *Filamente*). Auf den größten beobachtbaren Skalen scheint das Universum somit einem gigantischen Seifenschaum zu ähneln: unvorstellbar große Voids, zwischen denen Galaxienhaufen zu Filamenten und »Großen Wänden« aufgereiht sind.

Unsere kosmische Nachbarschaft

Unsere Sonne ist ein durchschnittlicher Stern. Mit den Planeten wurde sie vor etwa 4,6 Milliarden Jahren »geboren«, also gut einem Drittel des Weltalters. Sie wird noch einmal so lange weiter existieren, bis ihr nuklearer Brennstoffvorrat verbraucht ist. Ihre kosmische Heimat ist der Außenbereich eines Spiralarms unserer Muttergalaxie, der Milchstraße. Bis zum nächsten Nachbarstern Alpha Centauri sind es vier Lichtjahre. Die Milchstraße selbst gehört zur *Lokalen Gruppe*, unserem örtlichen Galaxienhaufen. Sie ist ihr zweitgrößtes Mitglied und besitzt etwa 100–300 Milliarden Sterne, ihr Durchmesser liegt bei 100 000 Lichtjahren. Das größte Mitglied der Lokalen Gruppe ist die zwei Millionen Lichtjahre entfernte Andromeda-Galaxie, eines der entferntesten mit bloßen Auge noch sichtbaren Objekte. Außerdem gibt es eine ganze Reihe von kleineren Zwerggalaxien. Die Lokale Gruppe erstreckt sich bis in etwa sechs Millionen Lichtjahre Entfernung.

Andere Galaxienhaufen in unserer näheren Nachbarschaft sind die Sculptor-Gruppe oder die M81-Gruppe. Diese benachbarten Galaxienhaufen gehören wie unsere Lokale Gruppe zum »Virgo-Superhaufen«. Er enthält etwa einhundert Galaxienhaufen und ist nach dem zentralen Virgo-Galaxienhaufen benannt. Er befindet sich im Grenzbereich der Sternbilder Jungfrau (lateinisch virgo) und Haar der Berenike. Der Virgo-Superhaufen hat einen Durchmesser von etwa 200 Millionen Lichtjahren. Wegen der Ausdehnung des Universums müssten wir uns mit etwa 1500 km/s von der »Rosine« im Zentrum des Virgo-Superhaufens entfernen. Tatsächlich messen wir nur eine Rotverschiebung, die etwa 1000 km/s entspricht. Der Schwerpunkt des Virgo-Superhaufens zieht also unsere Milchstraße an und bremst somit die allgemeine Fluchtbewegung der Galaxien.

Schwarze Löcher

Die Größe des Kosmos mit seinen Voids und Superhaufen ist atemberaubend. Doch es gibt auch vergleichsweise kleine Objekte, die ebenso die Grenzen

Der ultratiefe Blick zurück

Der Blick in das entfernte Universum ist auch immer ein Blick in die Vergangenheit. Der von uns am weitesten entfernte bekannte Galaxien-Superhaufen ist »Pegasus-Pisces-A« mit 1,3 Milliarden Lichtjahren Entfernung. Das Licht, das wir heute von ihm sehen, hat ihn vor 1,3 Milliarden Jahren verlassen. Der bisher weiteste Blick zurück war die Aufnahme »Hubble Ultra Deep Field«, eine über vier Monate dauernde Langzeitbelichtung des Hubble-Weltraumteleskops. Er reicht zurück bis zum Weltalter 800 Millionen Jahre, schaut also fast 13 Milliarden Jahre in die Vergangenheit! Die kleinsten und rötlichsten Galaxien dieser Aufnahme waren damals noch sehr jung und daher sichtbar unstrukturierter als die großen, gelblichen Galaxien im Vordergrund. Diese befinden sich räumlich wie zeitlich in unserer Nachbarschaft, hatten also eine viel längere Entwicklung hinter sich, als das abgebildete Licht von ihnen ausgestrahlt wurde.

Das älteste Bild überhaupt bilden natürlich die Photonen der kosmischen Hintergrundstrahlung. Sie zeigen das Universum im Alter von knapp 400 000 Jahren.

»Hubble Ultra Deep Field« – ein Blick, der fast 13 Milliarden Jahre in die Vergangenheit zurückreicht

des Vorstellbaren sprengen. Es sind dies die sog. Schwarzen Löcher, in denen Materie extremste Zustände annimmt und deren Natur im Detail bis heute unverstanden ist. Dennoch gibt es gute Gründe anzunehmen, dass sich im Zentrum der meisten, wenn nicht aller Galaxien gigantische Schwarze Löcher befinden.

Wir erinnern uns: Massen krümmen Raum und Zeit in ihrer Umgebung und sorgen auf diese Weise dafür, dass auf Objekte eine Beschleunigung wirkt. Je dichter wir einem massereichen Objekt kommen, umso stärker werden wir angezogen. Glücklicherweise ist die Schwerkraft um viele Größenordnungen schwächer als die anderen Grundkräfte. Daher ist selbst die Anziehung des Erdkörpers noch so schwach, dass sie von den internen chemischen Bindungen im Erdboden aufgewogen wird – und wir meistens mehr oder weniger bequem auf der Erdoberfläche spazieren können, ohne einzusinken. Die von der Schwerkraft verursachte Erdanziehung ist aber doch groß genug, um uns dauerhaft an die Erde zu binden. Um einen Astronauten ins Weltall zu befördern, muss man ihn gegen die Anziehung so stark beschleunigen, dass er die *Fluchtgeschwindigkeit* von etwa 11,2 km/s erreicht.

Je mehr Masse ein Himmelskörper besitzt und je näher seine Oberfläche am Mittelpunkt ist – also je größer seine Dichte ist –, desto höher ist diese Fluchtgeschwindigkeit. Was passiert aber nun, wenn ein Objekt so massiv und kompakt ist, dass die Fluchtgeschwindigkeit die Lichtgeschwindigkeit überschreitet? Die Raumkrümmung ist dann so stark, dass sie den Körper quasi umschließt. Kein Gegenstand, ja noch nicht einmal Licht, kann ihn verlassen. Daher nennt man solche extremen Objekte »Schwarze Löcher« – was einmal hineinfällt, gelangt nie mehr hinaus, und kein Licht kann von ihnen zu einem äußeren Beobachter gelangen. Der Abstand vom Mittelpunkt, bei dem die Fluchtgeschwindigkeit genau gleich der Lichtgeschwindigkeit ist, heißt *Ereignishorizont*. Kein Ereignis, keine Information kann von innerhalb dieses Horizonts aus dem Schwarzen Loch herausdringen.

Schwarze Löcher entstehen, wenn schwere Sterne ihren nuklearen Brennstoffvorrat aufgebraucht haben. Sie können dann dem Schweredruck nichts mehr entgegensetzen, und in einer gewaltigen Supernovaexplosion wird ein Teil der Sternmaterie im Zentrum bis zur Dichte eines Schwarzen Lochs zusammengepresst. Nach seiner Entstehung kann ein Schwarzes Loch noch weiter Material ansammeln. Dieses wird beim Fall durch den Ereignishorizont stark beschleunigt, zerrissen und aufgeheizt. Während ein Schwarzes Loch wächst, ist es allerdings alles andere als dunkel. Vielmehr strahlt die hineinstürzende Materie helles und energiereiches Röntgen- oder Gammalicht aus, Elementarteilchen werden erzeugt und auf beinahe Lichtgeschwindigkeit beschleunigt. Es handelt sich hierbei um die effektivste Energieumwandlung überhaupt im Universum.

Modellbild eines Schwarzen Lochs mit Magnetfeld. Man sieht die einströmende heiße Materie und den scharf umrissenen Ereignishorizont. Entlang der Magnetfeldlinien werden Elementarteilchen auf höchste Energien beschleunigt.

Während ein Schwarzes Loch in den Außenbereichen einer Galaxis meist nur wenig Materie einsammeln kann und deshalb tatsächlich »schwarz« ist, ist dies im Zentrum einiger Galaxien ganz anders. Aufgrund der hohen Massendichte wächst dort ein einmal entstandenes Schwarzes Loch rasant auf millionen- bis milliardenfache Sonnenmasse an. Dabei wird zum Teil erheblich mehr Strahlung freigesetzt als in der gesamten übrigen Galaxie. Solche aktiven Galaxien oder Quasare sind deshalb noch in Milliarden Lichtjahren Entfernung zu sehen. Das Schwarze Loch im Zentrum der Milchstraße ist hingegen im Moment relativ ruhig. Seine Existenz macht sich nur durch Bahnstörungen bei den es in nächster Nähe umkreisenden Sternen bemerkbar.

Astroteilchenphysik

Wenn Materie in ein Schwarzes Loch stürzt - insbesondere in die supermassiven Monster im Zentrum von Galaxien -, wird Gravitationsenergie höchst effizient in Strahlung und Bewegungsenergie von Atomkernen, Elektronen und Neutrinos umgewandelt. Gammastrahlungsquanten mit bis zu 10^{20} eV können so entstehen und als Teil der kosmischen Höhenstrahlung detektiert werden. Auch bei den *Supernova* genannten Sternexplosionen werden Teilchen mit höchsten Energien gebildet. Kein irdischer Teilchenbeschleuniger kann mit den kosmischen Gegenstücken Supernova und Schwarzes Loch konkurrieren.

Nur massereiche Sterne mit mehr als acht bis zehn Sonnenmassen explodieren in einer Supernova und enden dann als Schwarzes Loch. Unsere eher massearme Sonne bläht sich in fünf Milliarden Jahren erst zu einem roten Riesenstern auf und wird dann ihre Hülle abstoßen. Übrig bleibt ein langsam ausglühender Weißer Zwergstern und kein Schwarzes Loch.

Die Beobachtung von kosmisch beschleunigten Teilchen in der sog. Höhenstrahlung gelang als erstem Anfang des 20. Jahrhunderts dem österreichischen Physiker Victor F. Hess (1883-1964). Sie ist nicht nur für Astronomen und Kosmologen von Bedeutung, sondern auch für Teilchenphysiker. Zudem diente der Nachweis von durch Höhenstrahlung erzeugten Myonen zur Bestätigung der Relativitätstheorie, genauer gesagt der relativistischen Zeitdilatation.

In den letzten Jahren ist auf beiden Seiten - in der Astronomie wie in der Hochenergiephysik - das Interesse an dieser Strahlung noch stärker geworden. So entstand das Fachgebiet der Astroteilchenphysik als eine der jüngsten physikalischen Fachrichtungen. Eine große Motivation dabei ist natürlich die Enträtselung der ersten Sekundenbruchteile nach dem Urknall, als der Kosmos nicht nur kleiner als eine Nussschale, sondern sogar noch kleiner als ein Atomkern war. Diese Phase kann ganz offensichtlich nur von Kosmologie und Teilchenphysik gemeinsam beschrieben werden. Und damit kommen am Ende die größten und die kleinsten Strukturen im All wieder zusammen und bilden eine der aktuellen Grenzen des Wissens.

Die Grenzen des Wissens

Alles, was Sie bisher in diesem Buch über die klassische wie die moderne Physik gelesen haben, ist gesichertes Wissen. Es beruht auf präzisen Messungen sowie Theorien, die aus ihnen abgeleitet wurden und wieder neue wichtige Experimente angeregt haben. Doch dieses komplexe Gefüge von Erklärungen für die uns umgebende Welt ist keineswegs abgeschlossen. An den verschiedensten Stellen stößt die Physik – genau wie andere Wissenschaften auch – an die Grenzen ihres Wissens. Im Folgenden finden Sie eine Zusammenstellung einiger der wichtigsten offenen Fragen der modernen Physik. Es sind bei Weitem nicht die einzigen, doch zählen sie auf jeden Fall zu diejenigen, welche die fundamentalsten Probleme berühren.

Dunkle Materie, Dunkle Energie

Bei all den spektakulären Erfolgen der letzten Jahre müssen die Kosmologen doch eingestehen, dass sie an einem entscheidenden Punkt nur *sehr* wenig wissen: Woraus besteht der Kosmos? Neuere Messungen zeigen nämlich, dass alle bekannte Materie – Elektronen, Atome, Galaxien – nur wenige Prozent des gesamten Massen- und Energiegehalts des Universums ausmacht. Der Rest ist weitgehend unbekannte »Dunkle Materie« und »Dunkle Energie«. Woher weiß man das und was ist darunter zu verstehen?

Galaxien sind Ansammlungen von einigen hundert Milliarden Sternen, die sich auf Kreis- oder Ellipsenbahnen gemäß den Keplerschen Gesetzen um das galaktische Zentrum bewegen. Diese Bahnen lassen sich einerseits aus der Massenverteilung innerhalb der Galaxie berechnen. Andererseits kann man bei entfernten Galaxien die Umlaufgeschwindigkeiten der dortigen Sterne mithilfe des Dopplereffekts sehr genau bestimmen. Und was dabei gemessen wird, ist erstaunlich: Die gemessene Geschwindigkeit der Sterne ist viel höher als die aus der Massenverteilung berechnete. Besonders in den Außenbereichen bewegen sich die Sterne zu schnell. Dies wird am einfachsten dadurch erklärt, dass außer der sichtbaren Materie in Sternen, Gasnebeln und kosmischem Staub weitere Objekte mit Masse vorhanden sein müssen. Und diese nicht sichtbare, *Dunkle Materie* macht nicht etwa nur einen kleinen Teil der Galaxie aus, sondern ihre Masse muss fünfmal so groß sein wie die der sichtbaren Materie! Übrigens gilt derselbe Effekt auch für die Bewegung von Galaxien in einem Galaxienhaufen: Auch hier haben die Haufen zu wenig sichtbare Masse, um die Bahnen der Galaxien um das Haufenzentrum erklären zu können.

Dunkle Materie sichtbar gemacht: Das mit dem Hubble-Weltraumteleskop aufgenommene Foto zeigt einen Galaxienhaufen. Überlagert ist in hellblau die aus den Bahndaten der Galaxien errechnete Verteilung der dunklen Materie im Haufen – man sieht deutlich eine ringförmige Struktur.

Woraus diese Dunkle Materie aber besteht, ist völlig unbekannt. Das einzige, was wir wissen, ist, dass sie nur über die Gravitation, also die Massenanziehung (allenfalls noch über die schwache Fundamentalkraft) mit anderer Materie in Wechselwirkung tritt. Kandidaten sind

- *Neutrinos:* Von ihnen gibt es gigantische Mengen, die jedoch auch in ihrer Summe nicht ausreichen, da

Braune Zwerge sind Himmelskörper mit einer Größe zwischen einem Stern und einem Planeten. Sie sind zu groß, um ein Planet zu sein, aber zu klein, um in ihrem Inneren dauerhaft durch Kernfusion Energie zu erzeugen und als Stern zu erstrahlen.

die Neutrinomasse viel zu klein ist. Neutrinos können höchstens 0,6 % unseres Universums ausmachen.

• *unsichtbare normale Materie* (kaltes Gas, Staub, »Braune Zwerge«): Gas und Staub kommen nicht infrage, da sie sich mit der Zeit aufheizen und damit sichtbar würden. Braune Zwerge würden vor Sternen vorbeiziehen und sich durch ihre Gravitationslinsenwirkung verraten. Auch hier kann es bei weitem nicht so viele dieser Objekte geben, dass ihre Masse die Dunkle Materie erklären könnte.

• *WIMPs* (Weakly Interacting Massive Particles, »schwach wechselwirkende massive Teilchen«): Hypothetische, noch nicht entdeckte Teilchen, die per definitionem nur äußerst schwach mit normaler Materie interagieren. Nur im kosmischen Maßstab sollen sie sich bemerkbar machen. Heiße Kandidaten sind sog. stabile supersymmetrische Teilchen. Mehr dazu im Abschnitt »Supersymmetrie«.

Die Dunkle Materie ist bereits ein im wahrsten Sinne des Wortes schwerer Fall – doch es kommt noch schlimmer. Denn auch normale und Dunkle Materie *zusammen* machen nur etwa ein Drittel der Gesamtenergie des Weltalls aus. Der Rest ist die noch vollkommen rätselhafte *Dunkle Energie*. Sie ist der sonderbarste und gleichzeitig anscheinend der häufigste Bestandteil des Kosmos. Die Dunkle Energie ist dafür verantwortlich, dass sich das Universum seit einigen Milliarden Jahren beschleunigt ausdehnt. Das war nicht immer so. In den ersten neun Milliarden Jahren des Universums war das

Die relative Zusammensetzung des Universums heute und 380 000 Jahre nach dem Urknall, als das Universum »durchsichtig« wurde.

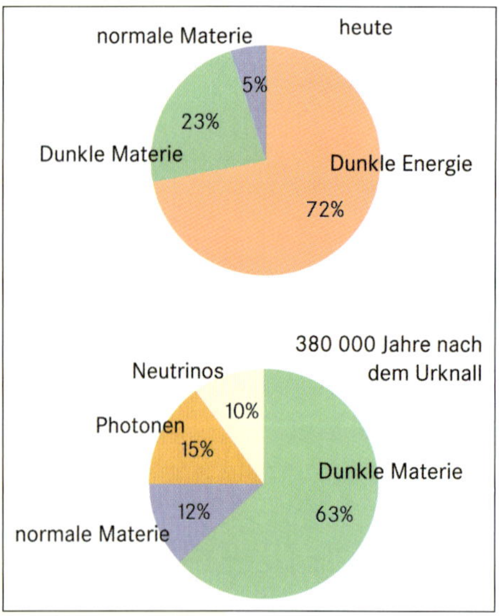

Universum noch so klein und dicht, dass die Schwerkraft, die Gravitation, ausreichte, um die Ausdehnung abzubremsen. Danach, vor etwa fünf Milliarden Jahren, gewann die Dunkle Energie die Oberhand – seitdem dehnt sich der Kosmos immer schneller aus. Dass dem so ist, weiß man aus der Beobachtung extrem weit entfernter (und damit entsprechend weit in der Vergangenheit zurückliegender) Supernova-Explosionen. Aus deren Lichtkurve lässt sich nämlich in bestimmten Fällen auf ihre absolute Entfernung schließen. Durch Vergleich mit der gemessenen Helligkeit ergibt sich dann schließlich die Entfernung und daraus die kosmische Expansionsrate zur Zeit der Explosion.

Was die Dunkle Energie genau ist, konnten die Physiker noch nicht ermitteln. Nur diese Eigenschaften sind bekannt: Sie ist sehr schwach, aber dafür überall zu finden. Ein Kubikmeter dunkler Energie enthält etwa so viel Energie wie ein Wasserstoffatom. Die Dunkle Energie besteht nicht aus Teilchen, sondern ist ein kontinuierliches Medium, das außerordentlich elastisch ist. Der entscheidende Punkt ist jedoch, dass die Dunkle Energie keine anziehende, sondern eine abstoßende Kraft verursacht. Sie ist sozusagen das Gegenstück zur dunklen Materie, die eine zusätzliche (Massen-)Anziehung innerhalb des Universums bewirkt. Wegen der außerordentlich geringen Stärke der abstoßenden Kraftwirkung tritt die Dunkle Energie nur in sehr großen Räumen spürbar in Erscheinung. Erst die Bewegung von weit entfernten Galaxien und Galaxien-

Ist die Dunkle Energie vielleicht doch nur ein Beobachtungsfehler? Bei weitem die meisten Kosmologen sind heute davon überzeugt, dass etwa drei Viertel der Gesamtenergie des Universums aus Dunkler Energie besteht. Doch es gibt auch andere Erklärungsansätze für die beobachtete beschleunigte Expansion des Kosmos. So könnten von Galaxien hervorgerufene, allgemeinrelativistische Raumkrümmungseffekte möglicherweise die großräumige Struktur des Universums so beeinflussen, dass eine solche Beschleunigung nur vorspiegelt würde.

Weit gefehlt!
Zunächst schien die Dunkle Energie leicht erklärbar. Denn die Quantenphysik hat ja gezeigt, dass im Vakuum, also im »leeren« Raum, bereits eine Energie steckt. Wenn man aber ausrechnet, wie viel Vakuumenergie der gesamte Kosmos nach heutigem Wissensstand der Quanten- und Teilchenphysik haben sollte, ergibt sich ein Wert, der ganz grob um einen Faktor 10^{100} zu groß ist!

haufen wird durch sie messbar beeinflusst. Was genau die Dunkle Energie ist, wie sie entstand und woraus sie besteht, wird die Forschung in den nächsten Jahrzehnten herausfinden müssen.

Das Ende der Welt

Die Zeit seit dem Urknall bis zur Entstehung von Erde, Leben und menschlicher Zivilisation wird von den anerkannten wissenschaftlichen Theorien mittlerweile recht gut abgedeckt. Wie aber geht es weiter? Wird es irgendwann ein Ende der Welt geben und wie wird es aussehen?

Noch vor wenigen Jahren war unklar, ob das Universum in alle Ewigkeit (abgebremst oder beschleunigt) expandiert, irgendwann einmal gerade zum Stillstand kommt oder ob es sich eines Tages wieder zusammenzieht, also unter seiner eigenen Masse kollabiert und es eine Art umgekehrten Urknall geben wird, den sog. »Big Crunch« (frei übersetzt der »Große Zusammenbruch«). Die Antwort auf diese Frage liegt in der Menge von normaler Materie, Dunkler Materie und Dunkler Energie im Universum, welche über dessen Größe und Ausdehnungsrate bestimmen. Die Vermessung entfernter Supernova-Explosionen und Untersuchungen der schwachen räumlichen Variabilität der kosmischen Hintergrundstrahlung haben diese Frage – so scheint es heute – geklärt: Das Universum wird sich bis in alle Ewigkeit ausdehnen, und zwar mit beschleunigter Geschwindigkeit.

Ein sterbender Stern: so oder ähnlich wird in einigen Milliarden Jahren die Sonne am Ende ihres Sternenlebens ihre äußere Hülle abstoßen und damit die Erde und die anderen inneren Planeten vernichten. Der »Weltuntergang« ist dies aber noch nicht – wie das Ende des gesamten Kosmos aussehen wird, gehört zu den Fragen an den Grenzen des physikalischen Wissens.

Wenn das Universum sich nun aber unendlich lange ausdehnt, dann muss man fragen, ob es auch unendlich lange Sterne und Planeten geben wird. Nach heutigem Verständnis ist die Antwort leider ein klares »Nein«. Sterne leben nur eine begrenzte Zeit. Denn sie verwandeln Wasserstoff oder Helium in schwerere Elemente, bis ihnen der Fusionsbrennstoff ausgeht. Im Laufe der Äonen wird daher der Wasserstoff des Weltalls schließlich irgendwann aufgebraucht sein. Nach der Ära der Sterne werden »Sternleichen« wie Weiße Zwerge, Neutronensterne und Schwarze Löcher übrig bleiben, außerdem ein wenig restliches Gas, das nicht mehr dicht genug ist, um sich zu Planeten oder Sternen zusammenzufinden, sowie erkaltete Planeten.

Nach geschätzten 10^{37} bis 10^{39} Jahren zerfallen die Neutronensterne und die Weißen Zwerge, sodass nur noch Schwarze Löcher übrig bleiben. Und auch diese bestehen vermutlich nicht ewig. Nach 10^{100} Jahren wird das Universum leer sein bis auf Elektronen, Positronen, Neutrinos und Reste der elektromagnetischen Strahlung. Diese ist allerdings bis zur Unkenntlichkeit rotverschoben. Und man muss einen Raum von der 10^{194}-fachen Größe des jetzigen Universums durchstreifen, um nur ein einziges Teilchen zu finden!

Vor dem Urknall?

So unvorstellbar die Zukunft des Universums ist, sie ist doch mit Physik und Kosmologie im Prinzip berechenbar. Ebenfalls unvorstellbar, aber zusätzlich auch noch grundsätzlich unerreichbar ist dagegen das, was vor dem Urknall gewesen sein könnte. Physikalische Messungen erlauben nur, Geschehnisse innerhalb unseres Universums zu erfassen. Geht man davon aus, dass unser Universum inklusive Raum und Zeit mit dem Urknall begann, dann ist es sogar sinnlos, überhaupt nach einer »Zeit vor der Zeit« zu fragen.

Allerdings gibt es spekulativere Ansichten, etwa von einem sich pulsierend ausdehnenden und zusammenziehenden Kosmos. In diesem Fall wäre der Urknall nur ein Moment unvorstellbar hoher, aber noch endlicher Dichte, dem ein Zustand niedrigerer Dichte vorausgegangen sein könnte. Unter Umständen könnte man dann heute noch Signaturen von diesem hypothetischen Zustand vor dem Urknall erhalten. Eine wissenschaftliche Veröffentlichung aus dem Sommer 2008 beschreibt zum Beispiel Hinweise auf eine Asymmetrie in der kosmischen Hintergrundstrahlung, die möglicherweise auf die Natur eines Vorgängeruniversums hinweisen könnte. Theoretische Modelle auf dieser Basis sagen allerdings aus, dass in dem äußerst exotischen Quantenzustand zwischen »altem« und »neuem« Universum die meiste, wahrscheinlich sogar alle Information über das angenommene Vorgängeruniversum verloren ging.

Eine andere hochspekulative Vorstellung besagt, dass unser Universum nur eine Blase in einem noch unendlich viel größeren Gebilde ist, welche im Moment des Urknalls zu expandieren begann. Leider ist uns auch hier jeglicher Zugang zum »Jenseits« und »Vorher« versperrt.

Beobachtung wie Theorie zeigen in diesen hochgradig unverstandenen Bereichen der Physik, dass man in Zukunft noch mit vielen Überraschungen rechnen kann. Vielleicht ist es tatsächlich so, dass wir nichts über die Vergangenheit vor dem Urknall sagen können, da es keine gab, vielleicht finden wir aber auch eines Tages die gegenteilige Antwort.

Das Higgs-Teilchen

Eines der beiden geplanten Hauptziele des Teilchenbeschleunigers Large Hadron Collider (LHC) am CERN in Genf ist die Entdeckung des *Higgs-Teilchens*. Dieses ist quasi der Schlussstein im derzeitigen Theoriegebäude der Teilchenphysik – es ist als einziges experimentell noch nicht belegt, nicht einmal seine Masse kennt man. Doch dieses Partikel ist nicht nur das letzte unbekannte im Modell, es spielt auch eine zentrale Rolle darin. Nur mit seiner Hilfe kann man erklären, warum die Quarks und Leptonen Masse haben und warum deren Wert sich von Elementarteilchen zu Elementarteilchen unterscheidet.

Peter Higgs besucht im April 2008 den fast fertiggestellten Detektor CMS, der konstruiert wurde, um das Higgs-Teilchen zu entdecken und dann seine Eigenschaften zu erforschen.

Dass Körper eine Masse besitzen, wissen wir aus dem ersten Kapitel dieses Buches und natürlich auch aus unserer alltäglichen Erfahrung. Das Standardmodell der Teilchenphysik – also die sehr erfolgreichen Quantentheorien von Elektromagnetismus, schwacher und Farbkraft – sieht aber leider eigentlich gar keine Teilchenmassen vor! Erst eine Erweiterung, die der britische Physiker Peter Higgs 1964 vorschlug, trägt diesem wichtigen Umstand Rechnung. Demnach gibt es ein allgegenwärtiges »Higgs-Feld«, das sich jedem Elementarteilchen (außer den masselosen Photonen und Gluonen) in den Weg stellt. Je stärker das Teilchen mit dem Feld wechselwirkt, desto größer ist seine Masse. Und da nach der Quantenfeldtheorie zu jedem Feld ein Austauschteilchen gehört (wie das Photon zum elektromagnetischen Feld oder das Gluon zum »Farbfeld« der Quarks), müsste es also auch ein Higgs-Feldpartikel geben, eben das Higgs-Teilchen.

Bisherige Messungen konnten nur zeigen, dass dieses Higgs-Teilchen schwerer als etwa 110 GeV/c^2 sein muss. Leider reichte die Energie bisheriger Experimente – der LHC-Vorläufer LEP in Genf und das Tevatron am Fermilab bei Chicago – nicht aus, um es nachzuweisen. Speziell in den letzten Monaten der LEP-Laufzeit spielten sich dramatische Szenen ab, als die LEP-Experimentatoren kurz davor waren, erste Hinweise auf das Higgs-Teilchen zu finden, aber die Maschine dennoch abgeschaltet werden musste, um den Zeitplan für den LHC-Bau nicht zu gefährden. Umso mehr schaut die Physikwelt jetzt auf die ersten LHC-Resultate, denn nach allen Vorhersagen *muss* das Higgs-Teilchen dort entdeckt werden. Falls nicht, dann ist die logische Folgerung, dass das Standardmodell mit dem Higgs-Mechanismus nicht funktioniert und grundlegend überdacht werden muss.

Supersymmetrie

Eine der fruchtbarsten Ideen auf der Suche nach neuer Physik jenseits des Standardmodells ist das Konzept der Supersymmetrie. Sie wurde Anfang der 1970er-Jahre zunächst aus sehr theoretischen Gründen untersucht. Und zwar fand man heraus, dass neben den bekannten Symmetrien wie z. B. Dreh- und Spiegelsymmetrie nur noch genau eine weitere, bis dahin unbekannte Art von Symmetrie mathematisch möglich ist. Grob vereinfacht geht es dabei um Beziehungen zwischen Materieteilchen (Quarks, Leptonen) und Austauschteilchen (Photon und Co.). Sollte zwischen diesen eine sog. »Supersymmetrie« bestehen, dann ließen sich mehrere grundlegende Fragen der Quantentheorie sehr elegant lösen. Insbesondere vermuten die Theoretiker, dass eine künftige Vereinigung von Quantenphysik und allgemeiner Relativitätstheorie mit supersymmetrischen Theorien gelingen wird.

Die auffälligste Konsequenz der Supersymmetrie ist eine nochmalige Verdopplung des Bestands an Elementarteilchen. Jedes der oben genannten Partikel erhält einen *Superpartner* (mit Ausnahme des Higgs-Teilchens, das sogar mehrere bekommen könnte). Dabei gleichen die Superpartner von Quarks und Leptonen, die sog. Squarks und Sleptonen, in ihren Eigenschaften den Austauschteilchen Photon, Gluon usw. Umgekehrt verhalten sich die Superpartner von Photon und Gluonen, Photino und Gluinos, ähnlich wie herkömmliche Materieteilchen. Alle supersymmetrischen Partnerteilchen haben eine so hohe Masse, dass sie bisher noch nicht nachgewiesen werden konnten. Einige sollten aber leicht genug sein, um mit dem LHC entdeckt werden zu können – ein weiterer Grund, die ersten Messdaten dort mit größter Spannung zu erwarten.

Wie bereits erwähnt, wären die Superpartner ideale Kandidaten zur Erklärung der Dunklen Materie: Sie treten erstens mit gewöhnlicher Materie außer über die Gravitation nicht in Kontakt. Zweitens muss es logischerweise eines unter ihnen geben, das am leichtesten ist und daher nicht in andere Superteilchen zerfallen kann, also stabil ist. Und wegen seiner großen Masse könnte dieses leichteste supersymmetrische Partikel (LSP) problemlos das große Übergewicht der Dunklen über die herkömmliche Materie erklären.

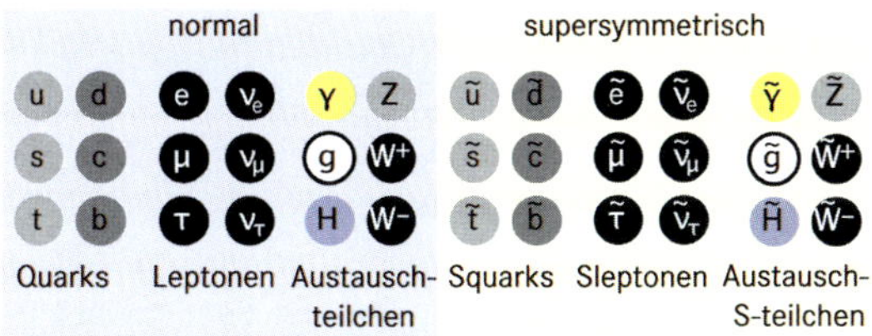

Überblick über herkömmliche Elementarteilchen und ihre supersymmetrischen (»SUSY«-)Partner. Möglicherweise hat das Higgs-Teilchen auch mehrere Superpartner.

Stringtheorie

Bringen wir das Standardmodell der Teilchenphysik noch einmal ganz knapp auf den Punkt: Es gibt sechs verschiedene Quarks (drei Familien à zwei), die jeweils noch ein Antiquark besitzen. Auch bei den Leptonen existieren drei Familien à zwei (Elektron und Neutrino) mit zugehörigen Antiteilchen, das macht also insgesamt 24 elementare Quarks und Leptonen. Dazu kommen die Austauschteilchen: acht Gluonen der Farbkraft, drei Vektorbosonen der schwachen Wechselwirkung und das Photon. Und nicht zu vergessen natürlich das Higgs-Teilchen, welches die Masse der übrigen Teilchen bewirkt. Alles in allem sind dies 37 verschiedene fundamentale Teilchen, aus denen die vier bis fünf Prozent »normale« Materie im Universum bestehen, welche weder Dunkle Materie noch Dunkle Energie sind. Sollte es tatsächlich außerdem noch supersymmetrische Partnerteilchen geben, würden wir bei knapp 80 Elementarteilchen landen (je nachdem, wie viele Superpartner das Higgs-Teilchen besitzt).

Zurzeit steht die Physik mithin ähnlich da wie in den 1960er-Jahren, als der »Zoo« der Elementarteilchen immer unübersichtlicher wurde. Ordnung schaffte die Entdeckung, dass fast alle damals bekannten Partikel aus einer kleinen Zahl von verschiedenen Quarks aufgebaut sind. Gelingt dies noch einmal mit den 37 elementaren Teilchen des Standardmodells? Möglicherweise ja, zumindest behaupten dies die Anhänger der »Stringtheorie«. Darunter versteht man eine Gruppe von verwandten Modellen, die alle annehmen, dass Quarks, Leptonen und Austauschteilchen keine punktförmigen, nulldimensionalen Objekte sind. Vielmehr werden sie als eindimensional angesehen, also kleine Strecken oder Ringe. »String« ist dabei das englische Wort für »Saite«. Diese Benennung spielt dabei nicht nur auf die Form der Strings an. So, wie eine Gitarrensaite in verschiedenen Arten schwingen und damit verschiedene Töne hervorbringen kann, stellt man sich vor, dass unterschiedliche Schwingungszustände elementarer Strings den jeweiligen Elementarteilchen entsprechen. Wieder einmal wäre also eine Vielfalt an Erscheinungen mit einfacheren Strukturen auf kleinerer Skala erklärt.

Die »kleinere Skala« ist allerdings tatsächlich äußerst klein: Die Länge von Strings sollte bei etwa 10^{-35} m liegen, also weit kleiner sein als alles, was für Messungen mit heutigen Methoden zugänglich ist. Insofern unterscheiden sich die Strings für alle denkbaren Beobachtungen nicht von Punktteilchen. Der Unterschied kommt aber zum Tragen, wenn man die mathematischen Methoden zur Beschreibung der kleinen Objekte betrachtet. Nulldimensionale, punktförmige Elementarteilchen führen zu mathematischen Problemen, die nur unbefriedigend gelöst werden können. So müsste eigentlich schon die elektrische Energie in unmittelbarer Nähe eines unendlich kleinen Elektrons unendlich groß werden, was sie natürlich nicht ist. Mit Strings lassen sich diese Schwierigkeiten elegant umgehen. Richtige Euphorie machte sich aber erst dann breit, als klar wurde, dass Stringtheorien quasi automatisch supersymmetrisch sind und sie dazu noch eine quantenphysikalische Beschreibung der Gravitation erlauben. Gerade dies, die Versöhnung von allgemeiner Relativitätstheorie und Quantentheorie, ist eines der größten Ziele der heutigen Physik.

Es gibt allerdings auch Dämpfer für die Euphorie. Gängige Versionen der Stringtheorie gehen davon aus, dass es statt drei zehn oder gar 26 Raumdimensionen gibt. Diese sollen alle bis auf drei (plus die Zeit) »eingerollt« und damit nicht wahrnehmbar sein. Und da die Strings zu klein sind und die Stringtheorie bisher auch noch keine weiteren experimentell überprüfbaren Vorhersagen gemacht hat, sind viele Physiker noch skeptisch, ob Stringtheorien sich irgendwann tatsächlich werden durchsetzen können.

Gravitationswellen

Nun kommen wir auf ein Problem, das weniger wegen seiner universellen Bedeutung als wegen der unglaublichen Präzision, die bei den Messungen erforderlich ist, Beachtung verdient. Es kommt aus dem Bereich der allgemeinen Relativitätstheorie, welche uns gelehrt hat, dass um Massen herum Raum und Zeit eine Krümmung erfahren. Diese Krümmung kann man sich, grob vereinfacht, wie ein durch Kugeln eingedrücktes Tuch vorstellen. Lässt man nun zwei Kugeln auf diesem Tuch umeinander rotieren, dann entstehen Wellen im Tuch, die sich spiralförmig nach außen ausbreiten. Solche Wellen lassen sich relativ leicht aus Einsteins Gleichungen ableiten, ebenso die Tatsache, dass ihre Ausbreitungsgeschwindigkeit der Lichtgeschwindigkeit entspricht.

Schwierig an solchen Gravitationswellen ist also nicht, sie theoretisch zu begründen oder sie sich als geometrische Störung vorzustellen, die sich durch Raum und Zeit fortpflanzt. Auch ihr Nachweis müsste im Prinzip einfach sein, man muss nur eine periodische Längenänderung messen, die auch das Licht beeinflusst. Das Problem bei der Sache: Die Längenänderungen, um die es geht, liegen im Bereich von höchstens 10^{-20} m bis 10^{-22} m, also maximal einem Hunderttausendstel eines Protonendurchmessers!

Damit stellen sich zwei Fragen: Wie kann man solche unvorstellbar kleinen Längenänderungen messen? Und was für kosmische Objekte können ein solches Verquirlen von Raum und Zeit bewirken?

Kommen wir zuerst auf die zweite Frage zu sprechen. Sich eng umkreisende Neutronensterne mit mehrfacher Sonnenmasse bringen es auf einige Umdrehungen pro Sekunde, dies reicht aus, um einigermaßen kräftige Gravitationswellen zu erzeugen. Der damit verbundene Energieverlust wurde bei einem solchen Doppelneutronenstern sogar schon gemessen, er entsprach exakt dem mit Einsteins Gleichungen berechneten Wert. Auch Supernova-Explosionen sowie kollidierende Galaxienkerne sollten vergleichsweise kräftige Gravitationswellen erzeugen. Schließlich erwartet man auch eine Gravitationswellen-Hintergrundstrahlung, die direkt auf den Urknall zurückgeht.

Prinzipskizze des Weltraum-Gravitationswellen-Teleskops LISA. Drei Satelliten bilden die Basis eines Dreiecks, dessen Seitenlängen von durchlaufenden Gravitationswellen messbar verändert werden.

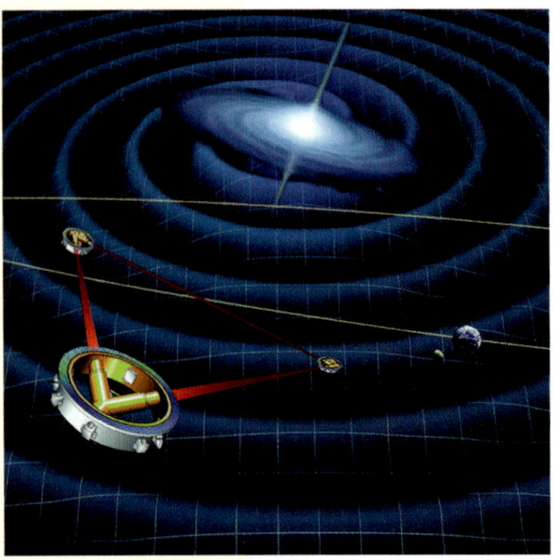

Direkte Messungen von Gravitationswellen gibt es bisher allerdings noch nicht. Doch man steht kurz davor: In der Anlage GEO600 südlich von Hannover werden in einem Rieseninterferometer zwei Laserstrahlen auf Hunderte von Metern lange Messstrecken geleitet und dann in einem Punkt vereinigt. Winzigste Längenänderungen machen sich durch Verschiebungen im Interenzmuster bemerkbar. Die größte Herausforderung stellt hierbei die Abschirmung gegen Störungen dar. Temperatur- und Luftdruckschwankungen, aber auch Fahrzeuge und selbst Personen, die sich in der weiteren Umgebung der Anlage bewegen, erzeugen Signale im Detektor.

GEO600 ist in erster Linie ein Vorläuferprojekt für eine wahrhaft gigantische Anlage, nämlich das Weltraumobservatorium für Gravitationswellen »LISA« (»Laser Interferometer Space Antenna«). Mit fünf Millionen Kilometer Armlänge soll es ab 2019 in 50 Millionen Kilometer Entfernung von der Erde um die Sonne kreisen und die routinemäßige Gravitationswellenastronomie begründen.

Außerirdisches Leben?

Zu guter Letzt ein absolutes Randgebiet der Physik und der Kosmologie: die Suche nach Leben im Universum. Da wir außer auf unserem Planeten noch keine Spuren von Leben gefunden haben, ist es sehr schwer, statistische Aussagen über die Häufigkeit von Leben zu machen. In diesem Fall bietet sich eine Fermi-Abschätzung an: Wir wollen wissen, wie viele von intelligenten Wesen bewohnte Planeten es in unserer Milchstraße gibt, mit denen wir in Kontakt treten könnten. Die hier vorgestellte Abschätzung geht auf Frank Drake (* 1930) zurück, der sie 1960 vorstellte. Die Anzahl N dieser Planeten ist demnach gegeben durch das Produkt

$$N = R \times S \times P \times E \times L \times I \times K \times D.$$

R ist die Anzahl der pro Jahr in unserer Galaxis entstehenden Sterne. Dieser Wert ist ganz gut gemessen und liegt um 10. G ist die Wahrscheinlichkeit dafür, dass ein Stern geeignet ist, ein stabiles, lebensfreundliches

Planetensystem zu haben. Hier kann man z. B. 10 % ansetzen für einen hinreichend langlebigen Stern, der kein Doppelstern ist. *P* gibt die Wahrscheinlichkeit an, dass tatsächlich Planeten um den Stern existieren. Hier kann man optimistisch von 80 % ausgehen. *E* besagt, wie viele Planeten in einem solchen Planetensystem sich in der Zone des Lebens befinden, innerhalb derer die Temperaturen »passen«. In unserem Sonnensystem sind dies die drei Planeten Venus, Erde und Mars. Andere bisher beobachtete Planetensysteme haben nur selten einen Planeten in diesem Bereich, sodass im Mittel vielleicht jeder zehnte Planet richtig liegt. *L* gibt an, auf wie vielen der passend gelegenen Planeten sich Leben herausbildet. Bei uns sind dies 33 %, also nehmen wir diesen Wert. *I* gibt an, welcher Anteil der Leben tragenden Planeten auch intelligentes Leben hervorbringt. Hier gibt es keinen Erfahrungswert. Vielleicht ergibt sich intelligentes Leben gezwungenermaßen, sodass wir 100 % annehmen wollen. *K* gibt an, ob intelligente Lebensformen auch kommunizieren *wollen*. Auch dies nehmen wir hoffnungsvoll als 100 % an. *D* schließlich sagt, wie viele Jahre eine technische Zivilisation überlebt. Unsere technische Zivilisation ist erst seit 100 Jahren prinzipiell in der Lage, mit anderen Zivilisationen zu kommunizieren. Seit 60 Jahren kann sie sich aber auch durch einen nuklearen Krieg selbst auslöschen. Naturkatastrophen oder Einschläge von Himmelsobjekten könnten eine technische Zivilisation ebenfalls vernichten. Lassen wir eine technische Zivilisation im Mittel tausend Jahre alt werden.

Mit diesen Zahlen erhalten wir etwa 27 Planeten mit tech-

Je größer und heißer ein Stern ist, desto weiter außen liegt die Zone, innerhalb derer auf einem Planeten Leben entstehen könnte. Das mittlere Bild zeigt unser Planetensystem, »AU« ist die internationale Abkürzung für die sog. Astronomische Einheit, welche dem mittleren Abstand der Erde von der Sonne entspricht.

Die Suche nach extraterrestrischen Signalen

Die Abkürzung SETI steht für »Search for Extraterrestrial Intelligence« – Suche nach außerirdischem intelligenten Leben. Es handelt sich um ein Forschungsprogramm, das Radiosignale analysiert, die u. a. mit dem 300-m-Teleskop im puertoricanischen Arecibo aufgenommen wurden. Gesucht werden Signaturen, die nicht auf natürliche Weise entstanden sind, sondern künstlich von intelligenten Wesen den einlaufenden Radiowellen aufgeprägt wurden. Auch Sie können bei der – bisher erfolglosen – Suche mithelfen. Dieses Projekt heißt SETI@home und nutzt die überschüssige Rechenleistung von über die ganze Welt verteilten Computern, um die SETI-Datenanalyse zu unterstützen.

Jill Tarter (* 1944) – hier vor den Antennen des Allen Telescope Array – ist Mitbegründerin und Direktorin des SETI Institutes im kalifornischen Mountain View, das seit Jahrzehnten die Suche nach Signalen außerirdischer Zivilisationen vorantreibt.

nisierter Zivilisation in der gesamten Milchstraße. Ihr mittlerer Abstand betrüge damit etwas mehr als 7000 Lichtjahre, sodass bei einer Lebensdauer von 1000 Jahren ein Kontakt zwischen zwei Zivilisationen höchst unwahrscheinlich ist.

Andere Abschätzungen mittels der Drake-Gleichung führen zu Werten zwischen einer und tausend Zivilisationen in unserer Milchstraße. Im gesamten sichtbaren Universum gibt es rund 100 Milliarden Galaxien und damit auch nach vorsichtigen Schätzungen entsprechend viele von intelligenten Wesen bewohnte Planeten – zu denen wir jedoch nie Kontakt aufnehmen werden. Aber immerhin könnten uns eines Tages historische Radiobotschaften von einer erloschenen Zivilisation unserer Heimatgalaxie erreichen.

Der aus dem Nachlass Alfred Nobels gestiftete Nobelpreis für Physik wird seit 1901 jedes Jahr verliehen (mit Ausnahme der Jahre 1916, 1931, 1934 und 1940–1942). Er ist nach über hundert Jahren noch immer der am höchsten angesehen Preis in der Physik. Die Liste der Nobelpreisträger liest sich wie eine Geschichte der modernen Physik. In dieser Zusammenstellung sind die bedeutendsten mit dem Preis gewürdigten Arbeiten aufgeführt (etwa ein Drittel der bisher vergebenen Physik-Nobelpreise). Eine wichtige Entdeckung, die der Kernspaltung durch Otto Hahn, wurde übrigens 1944 nicht mit dem Physik-, sondern dem Chemie-Nobelpreis belohnt. Viele Beiträge der prämierten Forscher prägen auch noch heute das Weltbild der Physik. Allerdings ist die Reihenfolge der Entdeckungen nicht mit der Reihenfolge der Preisverleihungen identisch. Besonders in den letzten Jahrzehnten hat das Nobelpreiskomitee recht oft die Preise erst Jahrzehnte nach den bahnbrechenden Entdeckungen und Erfindungen vergeben.

1901 *Wilhelm Conrad Röntgen:* Entdeckung der nach ihm benannten Röntgenstrahlung

1903 *Antoine Henri Becquerel, Marie und Pierre Curie:* Entdeckung und Erforschung der natürlichen Radioaktivität

1918 *Max Planck:* Entdeckung der Quantisierung der Energie

1921 *Albert Einstein:* für seine Verdienste um die theoretische Physik, besonders für seine Entdeckung der Gesetzmäßigkeiten des Photoeffekts

1922 *Niels Bohr:* Untersuchung der Struktur der Atome und der von ihnen ausgesandten Strahlung

1923 *Robert Andrews Millikan:* Untersuchung der Elementarladung der Elektrizität

1925 *James Franck* und *Gustav Ludwig Hertz:* für die Gesetzmäßigkeiten, mit denen Elektronen mit Atomen kollidieren

1927 *Arthur Holly Compton:* Entdeckung des nach ihm benannten Effekts bei der Streuung eines Photons an einem geladenen Teilchen; *Charles Thomson Rees Wilson:* Entwicklung der Nebelkammer, mit der die Spuren elektrisch geladener Teilchen sichtbar gemacht werden können

1929 *Prince Louis-Victor Pierre Raymond de Broglie:* Entdeckung der Welleneigenschaften von Elektronen

1932 *Werner Karl Heisenberg:* Entwicklung der Quantenmechanik

1933 *Erwin Schrödinger* und *Paul Adrien Maurice Dirac:* Entwicklung neuer Formen der Atomtheorie, Weiterentwicklung der Quantenmechanik

1935 *James Chadwick:* Entdeckung des Neutrons

1936 *Victor Franz Hess:* Entdeckung der kosmischen Strahlung; *Carl David Anderson:* Entdeckung des Positrons

1938 *Enrico Fermi:* Erzeugung künstlicher radioaktiver Elemente durch Neutronenbeschuss, Entdeckung von Kernreaktionen bei Beschuss mit langsamen Neutronen

1945 *Wolfgang Pauli:* Entdeckung des nach ihm benannten Ausschlussprinzips (»Pauli-Prinzip«)

1954 *Max Born:* Statistische Interpretation der Wellenfunktion; *Walter Bothe:* Koinzidenzmessmethode in der Atom- und Kernphysik

1956 *William Bradford Shockley, John Bardeen* und *Walter Houser Brattain:* Erforschung von Halbleitern und Entdeckung des Transistor-Effekts

1959 *Emilio Gino Segrè* und *Owen Chamberlain:* Entdeckung des Antiprotons

1961 *Robert Hofstadter:* Elektronenstreuung an Atomkernen; *Rudolf Ludwig Mößbauer:* Resonanzabsorption von Gammastrahlung (Mößbauer-Effekt)

1963 *Eugene Paul Wigner:* Theorie des Atomkerns; *Maria Goeppert-Mayer, J. Hans D. Jensen:* Schalenstruktur der Atomkerne

1964 *Charles Hard Townes, Nicolay Gennadiyevich Basov* und *Aleksandr Mikhailovich Prokhorov:* Entwicklung des Lasers

1965 *Shin'ichiro Tomonaga, Julian Schwinger* und *Richard P. Feynman:* Arbeiten über Elektrodynamik mit weitreichenden Konsequenzen für die Elementarteilchenphysik (Quantenelektrodynamik)

1967 *Hans Albrecht Bethe:* Entdeckung des Energieerzeugungsprozesses in Sternen

1969 *Murray Gell-Mann:* Klassifizierung der Elementar-

teilchen und ihrer Wechselwirkungen mithilfe von »Quarks«
1971 *Dennis Gabor:* Entwicklung der Holografie
1972 *John Bardeen, Leon Neil Cooper* und *John Robert Schrieffer:* Theorie der Supraleitung
1973 *Leo Esaki* und *Ivar Giaever:* Entdeckungen von Tunnelphänomenen in Halb- und Supraleitern; *Brian David Josephson:* theoretische Vorhersagen solcher Effekte
1974 *Sir Martin Ryle* und *Antony Hewish:* Arbeit in Radioastronomie, Hewish besonders für seine Rolle bei der Entdeckung der Pulsare (dieser Preis führte zu Kritik am Nobelpreiskomitee, da die eigentliche Pulsar-Entdeckerin, *Susan Jocelyn Bell*, leer ausging)
1978 *Pyotr Leonidovich Kapitsa:* Entdeckungen in der Tieftemperaturphysik; *Arno Allan Penzias* und *Robert Woodrow Wilson:* Entdeckung der kosmischen Hintergrundstrahlung
1979 *Sheldon Lee Glashow, Abdus Salam* und *Steven Weinberg:* Vereinigung der Theorien der elektromagnetischen und der schwachen Wechselwirkung, Vorhersage der Austauschbosonen dieser Wechselwirkung
1984 *Carlo Rubbia* und *Simon van der Meer:* Entscheidende Rolle bei der Entdeckung der W- und Z-Bosonen, der Austauschteilchen der schwachen Wechselwirkung
1985 *Klaus von Klitzing:* Entdeckung des quantisierten Hall-Effekts
1986 *Ernst Ruska:* Erfindung des Elektronenmikroskops im Jahr 1931(!); *Gerd Binnig* und *Heinrich Rohrer:* Erfindung des Rastertunnelelektronenmikroskops
1987 *J. Georg Bednorz* und *K. Alexander Müller:* Entdeckung der Hochtemperatur-Supraleitung in Keramiken
1990 *Jerome I. Friedman, Henry W. Kendall* und *Richard E. Taylor:* Entscheidende Rollen beim Nachweis von Quarks und Gluonen
1995 *Martin L. Perl:* Entdeckung des Tauons; *Frederick Reines:* Entdeckung des Neutrinos (im Jahr 1956)
1999 *Gerardus 't Hooft* und *Martinus J.G. Veltman:* Formulierung des Standardmodells der Teilchenphysik
2001 *Eric A. Cornell, Wolfgang Ketterle* und *Carl E. Wieman:* Erzeugung und Untersuchung von Bose-Einstein-Kondensaten
2002 *Raymond Davis Jr.* und *Masatoshi Koshiba:* Entdeckung kosmischer Neutrinos; *Riccardo Giacconi:* Entdeckung kosmischer Röntgenquellen
2007 *Albert Fert* und *Peter Grünberg:* für die Entdeckung des Riesenmagnetwiderstands (Grundlage aller modernen Computerfestplatten)

Im 1960 beschlossenen internationalen Einheitensystem wurden die heute gültigen und im Geschäftsverkehr gesetzlich vorgeschriebenen Einheiten definiert. Im täglichen Gebrauch gibt es zuweilen auch »Alltagseinheiten«, die sich von den SI-Einheiten unterscheiden. So ist die Stunde, die ja aus 60 Minuten zu je 60 Sekunden besteht, keine SI-Einheit, aber als zusätzliche gesetzliche Einheit zulässig. Die Pferdestärke (PS) als Einheit für die Leistung darf nur noch bis zum 31.12.2009 neben der vorgeschriebenen Leistungsangabe in Watt (bzw. Kilowatt, kW) in der Motorenwerbung verwendet werden. Die Druckeinheit »atü« (Atmosphäre Überdruck) ist bereits seit 1978 nicht mehr zulässig.

Die sieben **Basiseinheiten** des Einheitensystems sind:

Das **Meter** ist die Basiseinheit der **Länge**. Ein Meter ist definiert als genau der 299 792 458-te Teil der Strecke, die das Licht im Vakuum in einer Sekunde durchläuft. Damit ist die Lichtgeschwindigkeit exakt auf 299 792 458 m/s festgelegt.

Das **Kilogramm** ist die Basiseinheit der **Masse**. Es ist festgelegt als die Masse des in Paris aufbewahrten Ur-Kilogramms. Damit ist das Kilogramm zur Zeit noch nicht auf eine fundamentale physikalische Konstante zurückgeführt und nicht unabhängig vom Ur-Kilogramm darzustellen. An einer Neudefinition wird intensiv gearbeitet, es ist aber noch nicht abzusehen, wann diese umgesetzt sein wird.

Die **Sekunde** ist die Basiseinheit der **Zeit**. Sie ist die 9 192 631 770-fache Dauer der Schwingungsperiode der elektromagnetischen Strahlung, welche beim Übergang zwischen den zwei Hyperfeinstrukturniveaus des Grundzustands von Atomen des Nuklids Cäsium-133 entsteht.

Das **Ampere** ist die Basiseinheit der **Stromstärke**. Ein Strom der Stärke 1 Ampere verursacht eine Kraft von 2×10^{-7} Newton auf jeden Meter zweier unendlich langer elektrischer Leiter, die in einem Abstand von einem Meter im Vakuum parallel zueinander verlaufen.

Ein **Kelvin** als Basiseinheit der **Temperatur** ist definiert als der 273,16-te Teil der thermodynamischen Temperatur des Tripelpunkts des Wasser. (Diese Definition sollte nicht mit der Umrechnung zwischen Kelvin und Grad Celsius verwechselt werden, nach der 0 °C bei 273,15 Kelvin liegt.) Am Tripelpunkt des Wassers liegt Wasser in allen drei Aggregatzuständen vor. Er befindet sich bei 0,01 °C und 0,61 MPa Druck.

Ein **Mol** ist die Basiseinheit der **Stoffmenge**. Es gibt an, wie viele Kohlenstoff-Atome sich in 0,012 Kilogramm reinem Kohlenstoff-12 (^{12}C) befinden. Letztlich ist es eine Abkürzung für die **Avogadro-Zahl**, einen Zahlenfaktor mit dem Wert $6{,}022 \ldots \times 10^{23}$.

Als letzte Basiseinheit ist das **Candela** die Einheit der **Lichtstärke**. Ein Candela ist die Lichtstärke, die eine Lichtquelle mit Strahlstärke 1/683 Watt pro Steradiant (eine Raumwinkeleinheit) aussendet, wenn diese Leistung komplett in Licht mit der Frequenz $5{,}4 \times 10^{14}$ Hz abgegeben wird.

Aufbauend auf diese Basiseinheiten lassen sich alle anderen physikalischen Einheiten durch Multiplikation oder Division von verschiedenen Potenzen der Basiseinheiten darstellen. Die wichtigsten in diesem Buch auftauchenden **abgeleiteten Einheiten**, die einen eigenen Namen besitzen, sind:

- Hertz, 1 Hz = 1/s (Frequenz)
- Newton, $1\ N = 1\ kg \times m/s^2$ (Kraft)
- Pascal, $1\ Pa = 1\ N/m^2$ (Druck)
- Joule, 1 J = 1 N × m (Arbeit, Energie)
- Watt, 1 W = 1 J/s = 1 V × A (Leistung)
- Volt, 1 V = 1 W/A (elektrische Spannung)

Da Einheiten oft sehr große oder kleine Zahlenwerte annehmen, gibt es Einheitenvorsätze, die für ein bestimmtes Vielfaches von 10 bzw. $1/10 = 10^{-1}$ stehen. Gesetzlich zugelassen sind die folgenden:

d (Dezi):	10^{-1}
c (Centi):	10^{-2}
m (Milli):	10^{-3}
µ (Mikro):	10^{-6}
n (Nano):	10^{-9}
p (Piko):	10^{-12}
f (Femto):	10^{-15}
a (Atto):	10^{-18}
z (Zepto):	10^{-21}
y (Yokto):	10^{-24}

da (Deka):	10^{1}
h (Hekto):	10^{2}
k (Kilo):	10^{3}
M (Mega):	10^{6}
G (Giga):	10^{9}
T (Tera):	10^{12}
P (Peta):	10^{15}
E (Exa):	10^{18}
Z (Zetta):	10^{21}
Y (Yotta):	10^{24}

Wenn Sie sich mehr mit der Denkweise von Physikerinnen und Physikern beschäftigen und gleichzeitig unterhalten werden wollen, dann sollten sie die beiden Autobiografien von **Richard P. Feynman** lesen: *»Sie belieben wohl zu scherzen, Mr. Feynman!«* und *»Kümmert Sie, was andere Leute denken?«*, beide als Taschenbuch zuletzt 2008 bei Piper erschienen. Auch die anderen Werke von Feynman sind lesenswert.

Ein beeindruckender und teilweise beängstigender Überblick über die Entwicklungen in der Physik der ersten Hälfte des 20. Jahrhunderts, die in der Entwicklung der Atombombe gipfelten, ist **Robert Jungks** Werk *»Heller als tausend Sonnen«* aus dem Jahr 1956, das leider im Moment nur antiquarisch erhältlich ist. Kein anderes Buch transportiert die Atmosphäre in der Entstehungsphase der modernen Physik besser.

Wenn Sie wirklich tief in die Physik einsteigen wollen und auch vor den im Physikstudium unvermeidlichen mathematischen Darstellungen nicht zurückschrecken, dann gibt Ihnen der **»Gerthsen Physik«** einen guten und ab etwa Auflage 18 auch noch in Details einigermaßen aktuellen Startpunkt. Wenn Sie das Regal eines Physikers betrachten, ist die Wahrscheinlichkeit recht hoch, dass Sie eine Ausgabe des »Gerthsen« (Springer, Berlin) finden werden. Aktuell ist die Auflage 22 von 2006, die wieder einmal völlig überarbeitet wurde und die gesamte Physik auf über 1100 Seiten darstellt.

Leider fast doppelt so teuer ist der Band *»Physik«* von **Paul A. Tipler** und **Gene Mosca**. Der Untertitel »Für Wissenschaftler und Ingenieure« deutet schon an, dass es nicht ganz so »hart« abgeht wie beim Gerthsen. Es zielt an sehr interessierte Oberstufenschüler, Lehrer, Nebenfächler und Physiker bis zum Vordiplom. Erschienen ist er 2003 bei Spektrum Akademischer Verlag, Heidelberg.

Fast ohne Formeln, dafür mit forschungspolitischer Note, ist der Rundumschlag *»Keine Ahnung von der Materie«* von **Hans Graßmann**, erschienen 2008 bei DuMont. Populär präsentieren sich zwei ebenfalls im Jahr 2008 neu erschienene Bücher aus der Beck'schen Reihe: **Jürgend Audretsch** berichtet auf 150 Seiten weitgehend formelfrei über *»Die sonderbare Welt der Quanten«* und liefert auf weiteren 24 Seiten einen philosophischen Exkurs. **Gert-Ludwig Ingold** und **Astrid Lambrecht** stellen *»Die 101 wichtigsten Fragen – Moderne Physik«*, die allerdings teilweise etwas zusammenhanglos daherkommen.

Um die Quantenphysik dreht es sich auch bei *»Auf der Suche nach Schrödingers Katze«* von **John Gribbin**, 2008 in der fünften Auflage bei Piper erschienen.

Harald Lesch und **Harald Zaun** beschreiben im ersten Drittel ihres Buches *»Die kürzeste Geschichte allen Lebens«* die Geschichte des Universums vom Urknall bis zur Entstehung unserer Erde, im Rest geht es um die biologische Evolution (Piper, 2008).

Vom Titel her lehnt sich das vorige Buch ganz klar an den Bestseller *»Eine Kurze Geschichte der Zeit«* von **Stephen Hawking** an – ein Standardwerk, das nicht ganz einfach ist, aber sehr schön die Kosmologie beschreibt: Vom Urknall zur zeitlichen Unendlichkeit des Universums. Auch die beeindruckende Lebensgeschichte des praktisch vollständig gelähmten Theoretikers wird angerissen. Verschiedene Auflagen sind bei Rowohlt erschienen.

Noch vor Hawking hat sich **Rudolf Kippenhahn** mit dem *»Licht vom Rande der Welt«* beschäftigt. Darin wählt er einen eher beobachtungsorientierten Erklärungsansatz für die Kosmologie. Besonders schön ist die an **Edwin Abbots** Klassiker *»Flächenland«* (1884) angelehnte Erklärung der Dimensionen. Das Buch von Kippenhahn ist auch nur noch antiquarisch in verschiedenen Auflagen erhältlich.

Bei den älteren Büchern, die sich mit Kosmologie beschäftigen, sollten Sie berücksichtigen, dass die Existenz der Dunklen Energie erst seit 1999 durch Beobachtungen abgesichert ist. Frühere Werke lassen die Frage der Zukunft des Universums noch offen oder bieten nach heutigem Stand »falsche« Darstellungen.

Eine sehr schöne fachübergreifende Darstellung der wichtigsten Personen, die das naturwissenschaftliche Weltbild geprägt haben, ist das Heft **Geo-Kompakt** Nr. 14, *»Die 100 größten Forscher aller Zeiten«*, erschienen 2008 bei Gruner und Jahr. Ein weiteres Heft, dass sich mit der aktuellen Forschung sehr umfassend beschäftigt, ist das **Spektrum-Dossier** 5/2008, *»Teilchenjäger und kosmische Grenzgänger«*, von Spektrum der Wissenschaften.

Auch das WWW (übrigens eine Erfindung der Physiker am CERN) bietet eine Reihe guter Quellen für physikalisches Wissen. Ganz vorne ist hier das populärwissenschaftliche Portal **Welt der Physik, http://www.weltderphysik.de** zu nennen, das von der Deutschen Physikalischen Gesellschaft und dem Bundesministerium für Bildung und Forschung betrieben wird. Hier liegt der Schwerpunkt auf Berichten über aktuelle Forschung besonders in Deutschland und Europa. Als Besonderheit gegenüber vielen anderen Webseiten sind hier die Fachleute selbst die Autoren der Artikel.

Zu Einzelfragen ist die Online-Enzyklopädie **Wikipedia, http://de.wikipedia.org**, eine gute Quelle, da die Artikel in der Regel von Wissenschaftlern oder Physikstudierenden verfasst sind. Deshalb sind sie allerdings zuweilen auch schon sehr anspruchsvoll und nur mit einigen Vorkenntnissen zu verstehen.

Speziell für den Schulstoff der Jahrgangsstufen 5 bis 13 zugeschnitten ist das Projekt **LEIFI-Physik**, das von der Universität München betreut wird: **http://leifi.physik.uni-muenchen.de.** Hier gibt es auch Prüfungsfragen und einiges zu rechnen sowie eine ganze Reihe interaktiver Darstellungen grundlegender physikalischer Versuche.

Es gibt eine unüberschaubare Menge weiterer populärwissenschaftlicher Literatur und eine noch größere Anzahl an Fachbüchern über alle Teilgebiete der Physik. Letztendlich kommen Sie nicht umhin, hier selbst ein wenig forschend tätig zu werden. Nehmen Sie die Literaturempfehlungen hier als Ausgangspunkt und haben Sie viel Spaß und erhellende Momente bei der Lektüre immer tiefer gehender Werke!

Register

Bildnachweis

o = oben, u = unten,
l = links, r= rechts

CERN: 106, 175
ESA: 180
ESA – A. Van der Geest: 23
ESA 2001. Illustration by Medialab: 181
ESA, NASA, HEIC and The Hubble Heritage Team (STScI/AURA): 172
IBM Deutschland GmbH: 129 l, 129 r
Jens Kube: 17, 25, 26, 29, 35, 36, 37, 38, 39o, 43, 44, 48, 50, 58, 65, 67, 71, 72, 74, 78, 81, 83, 84, 85 o, 85 u, 86, 91 u, 93, 94, 97, 100, 111, 118, 119, 120, 124, 128, 134, 137, 138, 146, 170, 177
NASA: 166
NASA/ WMAP Science Team: 160, 161
NASA, ESA und S. Beckwith (STScI) und das HUDF-Team: 164
NASA, ESA, M. Jee and H. Ford (Johns Hopkins University): 169
NASA/ ESA/ JHU (L. Bradley, H. Ford)/ UCSC (R. Bouwens, G. Illingworth): 153
National Center for Supercomputer Applications (Simulation durchgeführt von Andrey Kravtsov, The University of Chicago, und Anatoly Klypin, New Mexico State University, Visualisierungen von Andrey Kravtsov, http://cosmicweb.uchicago.edu/filaments.html): 162
National Nuclear Data Center (mit freundlicher Genehmigung, http://www.nndc.bnl.gov): 95
picture-alliance: 27
picture-alliance/akg-images: 156
picture-alliance/Karsten Lemm: 182
picture-alliance/KPA/HIP/Oxford Science Archive: 15, 77
picture-alliance/KPA/TopFoto: 39u, 91o
picture-alliance/Roy Hessing: 52
picture-alliance/united archives: 11, 142
picture-alliance/dpa: 31, 40, 45, 53, 62, 80, 89, 98, 102, 109, 121, 127, 133, 148, 154
picture-alliance/dpa/dpaweb: 144
picture-alliance/ZB: 33, 55, 63, 68, 87, 140